特高压直流输电技术丛书

特高压
直流输电理论

刘振亚　主编

中国电力出版社
www.cepp.com.cn

内 容 提 要

本套丛书针对特高压直流输电技术特点，根据我国特高压直流输电工程设计、建设和运行经验，介绍了 2005 年以来我国特高压直流输电关键技术的研究成果，对我国建设特高压电网、促进电网现代化建设和保证电网的安全稳定运行具有深远意义。本套丛书将介绍七个方面的研究成果。本书为《特高压直流输电理论》，是其中一本。

本书共分 7 章。主要内容有国内外直流输电的概况、高压直流输电换流器的工作原理、直流输电的稳态特性、直流输电的控制与保护、直流输电的谐波特性、高压直流输电换流站、直流输电接地极及其线路。

本书可供从事特高压直流输电运行、维护、检修等工作的技术人员学习和使用，也可作为对其他相关人员进行培训的教材，还可作为大专院校相关专业的参考教材。

图书在版编目（CIP）数据

特高压直流输电理论/刘振亚主编 . —北京：中国电力出版社，2009. 3 （2018. 1 重印）
（特高压直流输电技术丛书）
ISBN 978 - 7 - 5083 - 8273 - 9

Ⅰ. 特… Ⅱ. 刘… Ⅲ. 高电压 - 直流 - 输电技术 - 研究 Ⅳ. TM726. 1

中国版本图书馆 CIP 数据核字（2008）第 205909 号

中国电力出版社出版、发行
（北京市东城区北京站西街 19 号　100005　http://www.cepp.sgcc.com.cn）
三河市百盛印装有限公司印刷
各地新华书店经售

*

2009 年 3 月第一版　　2018 年 1 月北京第四次印刷
710 毫米×980 毫米　16 开本　13.25 印张　163 千字
印数 6001—7000 册　　定价 54.00 元

《特高压直流输电技术丛书》

编 委 会

主　　编：刘振亚

副 主 编：祝新民　　陈进行　　郑宝森　　陈月明
　　　　　舒印彪　　曹志安　　栾　军　　李汝革

编委会成员：孙　昕　　赵庆波　　许世辉　　张文亮
　　　　　崔吉峰　　李文毅　　刘开俊　　陈维江
　　　　　刘泽洪

编写组组长：许世辉

副 组 长：张文亮　　方国元　　于永清　　马家斌
　　　　　李光范　　范建斌　　宿志一　　陆家榆
　　　　　王景朝　　汤广福

成　　员：李同生　　张翠霞　　廖蔚明　　李庆峰
　　　　　周　军　　殷　禹　　葛　栋　　高海峰
　　　　　丁玉剑　　谷　琛　　李金忠　　陈立栋
　　　　　李　鹏　　鞠　勇　　郭　剑　　薛辰东
　　　　　魏晓光　　蒋卫平　　吴娅妮　　朱艺颖
　　　　　鲁先龙　　杨靖波　　万建成　　樊宝珍
　　　　　刘胜春　　朱宽军　　缪　谦　　于钦刚
　　　　　陈　新　　鞠宇平　　江振宇　　曹爱民

前　言

电力工业是关系国计民生的基础产业，改革开放 30 年来，电力工业走过了一条辉煌的改革发展之路，电力结构不断优化，电力工业装备和技术水平已跻身世界大国行列。国家电网公司在认真分析我国电力工业和电网发展现状及趋势的基础上，提出了加快建设由百万伏级交流和 ±800kV 级直流系统构成的特高压电网的发展目标，这是落实科学发展观，贯彻国家能源政策，确保电力工业全面、协调、可持续发展的重大举措，必将有利于实现更大范围的资源优化配置，对满足未来我国经济社会发展的用电需求，具有重大的政治意义、经济意义和技术创新意义。特高压在中国的实现，将成为中国电力发展的重要里程碑。

特高压直流输电具备超远距离、超大容量、低损耗的送电能力，且调节灵活，更适合于大型水、火电基地向远方负荷中心送电，能够提高资源的开发和利用效率，缓解环保压力，节约宝贵的土地资源，具有显著的经济效益和社会效益，符合我国国情和国家能源发展战略，得到了党和国家领导人及政府主管部门的高度重视和支持。国家能源领导小组办公室将特高压输电工作列为能源工作的重点，要求科学论证，做好特高压输电试验示范工程建设和设备国产化方案，为特高压电网的规划建设指明了方向。2005 年 2 月 16 日，国家发展和改革委员会下发了《关于开展百万伏级交流、±800kV 级直流输电技术前期研究工作的通知》（发改办能源 [2005] 282 号）。2005 年 12 月 22 日，经国务院批准，国家发展和改革委员会下发的发改能源 [2005] 2730

号文中，明确指出金沙江一期电站送出输电方案初定采用 3 回 ±800kV、6400MW 的直流输电方案，标志着特高压直流输电工程进入实质性阶段。

±800kV 级直流输电工程，是目前世界上电压等级最高的直流输电工程，国外虽曾进行过一些研究，但无实际工程运行经验。为解决 ±800kV 直流输电工程关键技术问题，国家电网公司于 2005 年初启动了特高压直流输电工程关键技术研究和可行性研究，组织电力系统各科研、咨询、设计单位和高等院校，开展了直流输电系统电磁环境、过电压及绝缘配合、外绝缘特性、特高压直流换流器接线方式等问题的研究，已取得了丰硕成果，为输电线路、换流站设计、主要设备设计和制造提供了技术依据。为使工程建立在更可靠的科学试验的基础上，2006 年 1 月 19 日，国家电网公司向中国电力科学研究院发出了《关于下达特高压直流试验基地建设任务的通知》，同年 8 月 10 日，特高压直流试验基地在北京市中关村科技园区的昌平园区奠基。2007 年 6 月 28 日，特高压直流试验基地试验线段全线带电，一次性成功升压至 ±800kV，紧接着户外冲击试验场等试验装置相继建成，并投入使用，标志着中国在特高压直流输电试验能力和试验技术方面达到了国际领先地位。

为了更好地培养特高压电网工程所需人才，推动特高压电网建设的进程，国家电网公司组织参与特高压直流输电工程建设的专家和技术人员，编写了《特高压直流输电技术丛书》，包括《特高压直流输电理论》《特高压直流输电工程电磁环境》《特高压直流外绝缘技术》《特高压直流输电系统过电压及绝缘配合》《特高压直流电气设备》《特高压直流输电线路维护与检测》和《特高压直流输电线路》共七册。丛书总结了国内各直流输电工程设计、建设和运行经验及 2005 年以来特高压直流输电科研和试验成果，凝聚了我国电力科技工作者的集体智慧。

本套丛书可作为从事特高压电网直流输电理论研究、科研试验、规划设计、设备制造、施工建设、运行维护等工作的技术人员的培训教材，也可为高等院校师生了解最前沿的特高压直流输电技术提供参考，还可供关心我国特高压输电事业的各界人士借鉴。

　　特高压输电是当今世界最先进的送电技术，随着特高压电网在中国的建设，我们仍会面临新的课题和大量工作。本书仅是我国特高压输电技术科研人员实践的总结，旨在为工程技术人员今后开展相关工作提供指导和借鉴，书中不足之处，敬请读者指正。

编　者

2009 年 3 月

目录

绪　　论

一、直流输电的发展概况

世界上最早的直流输电是用直流发电机直接向直流负荷供电。1882 年，法国物理学家德普勒用装设在米斯巴赫煤矿中的直流发电机，以 $1.5 \sim 2.0 \text{kV}$ 电压，沿着 57km 的电报线路，把电力送到在慕尼黑举办的国际展览会上，完成了有史以来的第一次直流输电试验。1912 年采用直流发电机串联的方法，将直流输电的电压、功率和距离分别提高到 125kV、20MW 和 225km。由于直流电源和负荷均采用串联方法，运行方式复杂，可靠性差，因此直流输电在当时没有得到进一步的发展。随着三相交流发电机、感应电动机和变压器的迅速发展，直流输电很快被交流输电所取代。直到 20 世纪 50 年代大功率汞弧阀的问世，直流输电技术才真正在工程中得到应用。但汞弧阀制造技术复杂、价格昂贵、逆弧故障率高、可靠性较低、运行维护不便，使直流输电的发展仍然受到限制。从 1954 年瑞典投入世界上第一个工业性直流输电工程起，到 1977 年最后一个采用汞弧阀的直流工程建成止，世界上也仅有 12 项采用汞弧阀的直流工程投入运行。20 世纪 70 年代以后，电力电子技术和微电子技术迅速发展，高压大功率晶闸管、微机控制和保护、光电传输技术、水冷技术、氧化锌避雷器等新技术，在直流输电工程中得到了广泛的应用，促使直流输电技术得到了较快的发展。1954 ~ 2000 年，全世界投入运行的高压直流输电工程总数近 100 个，总容量超过 70 000MW。其中 ±450 ~ ±600kV 直流输电工程有 20 多条。直流输电工程输送容量的年平均增长率，在 1960 ~ 1975 年为 460MW/年，1976 ~ 1980 年为 1500MW/年，1981 ~ 1998 年为 2096MW/年，2000 年后的增长率更大。

我国从 20 世纪 60 年代开始对直流输电进行试验室研究，1977 年在上海利用杨树浦发电厂到九龙变电所之间报废的交流电缆，建成了国内第一个采用 6 脉动换流器的 31kV、150A、4.65MW、8.6km 的直流输电试验工程。1987 年全部采用国内技术的舟山直流输电工程投入运行，从此直流输电在我国得到了应用和发展，到 2007 年我国已有 10 项直流输电工程投入运行，包括 ±500kV 葛洲坝—南桥、天生桥—广东、三峡—常州、三峡—广东、三峡—上海、贵州—广东 1 回和 2 回等工程，总的输送容量超过 18 000MW。从 2002～2007 年，为配合三峡和云贵电力送出，平均一年建成一个 3000MW 的大容量、远距离直流输电工程，使我国已成为世界上直流输电容量最大、发展最快的国家。

100 多年交、直流输电发展的历史表明，从总的输电容量看，直流输电所占份额远小于交流输电，但由于直流输电独特的优点（利用其迅速而精确的调节性能可以提高与之并联的交流线路的稳定性和传输容量、将其作为大区电网间的联络线能提高互联系统运行的可靠性和灵活性等），克服了交流输电的缺点，因此，出现了今天交、直流输电相辅相成、共同发展的局面。而且，为了实现更大容量、更远距离的电力传输，我国正在向着特高压交、直流输电方向前进。

国家电网公司在认真分析我国电力工业和电网的现状及发展趋势的基础上，提出了加快建设由百万伏级交流和 ±800kV 级直流系统构成的特高压电网的发展目标，是落实科学发展观，贯彻国家能源政策，确保电力工业全面、协调、可持续发展的重大举措，有利于实现更大范围的资源优化配置，满足未来我国经济社会发展的用电需求，具有重大的政治意义、经济意义和技术创新意义。

为实现西南水电以及大型火电基地电力送出，正在建设的特高压直流输电工程有：±800kV 云南—广东直流输电工程，额定容量 5000MW，输电距离 1400km；±800kV 向家坝—上海直流输电工程，额定容量 6400MW，输电距离约 2000km。这两个工程均计划于 2009 年建成第 1 极，2010 年全部建成。±800kV 锦屏—苏南直流输电工程，额定容量 7200MW，输电距离约 2100km，计划 2012 年建成投运。±800kV、7200MW、2100km 的直流输电工程，是当今世界上电压最高、输送容量最大和输电距离最远的直流输电工程。这些工程建成投产后，我国将成为世界上直流输电电压最高的国家。

二、特高压直流输电关键技术

从 20 世纪 70 年代初期开始，美国、苏联、巴西、加拿大、南非等国考虑到特大容量、超远距离输电的需求，在进行特高压交流输电研究的同时，也启动了特高压直流输电的研究工作。CIGRE、IEEE、美国 EPRI、巴西 CEPEL、加拿大 IREQ、瑞典 ABB 等科研机构和制造厂商，在特高压直流输电关键技术研究、系统分析、环境影响研究、绝缘特性研究和工程可行性研究等方面取得了大量的成果，其主要结论有：

（1）在 1400～3000km 的距离输送大量的电力，从经济和环境等角度考虑，高于 ±660kV 的特高压直流是优选的输电方式。

（2）±800kV 直流输电系统的设计、建设和运行在技术上是完全可行的，但应开展一些工程研究以进一步优化系统的性能和经济指标。

（3）基于目前的技术及可预见的发展，±1000kV 的高压直流输电系统在理论上是可行的，但必须进行大量研究、开发工作。

（4）目前看来，发展 ±1200kV 直流输电系统是不切合实际的，即便将来通过大量深入细致的研究工作会有更好的设计，但仍然需要有重大技术突破，才有可能进行较为经济的设计，前景难以预测。

以上说明，±800kV 特高压直流输电技术已具备工程应用的基本条件，目前可以制造出 ±800kV 直流所需的所有设备，±800kV 直流输电技术用于实际工程是完全可行的。苏联曾计划建设从埃基巴斯图兹到唐波夫的 ±750kV、输送功率 6000MW、输送距离 2400km 的直流工程，所有设备都已通过了型式试验，并已建成 1090km 线路，但最终停止了建设。虽然他们的研究成果、设计、设备制造、线路等的建设经验，可供我们建设 ±800kV 特高压直流输电工程参考，但至今没有特高压直流输电系统的实际运行经验。我国 ±800kV 高压直流输电工程途经高海拔、重污秽、覆冰、高地震烈度地区，为实现 ±800kV 特高压直流输电工程，对线路电磁环境、过电压与绝缘配合、高海拔地区空气间隙外绝缘特性、绝缘子污闪特性、换流站接线方式、主设备技术规范、大件运输等关键技术问题，还需结合我国的实际情况进一步进行研究。

国家电网公司十分重视特高压直流输电工程关键技术问题的研究，要求"加强组织协调，整合国家电网公司的科研和技术资源，发挥大学和科研院所的作用，集中优势力量，完善特高压输电技术实验基地，对重大工程技术问题进行攻关"。自 2005 年开始，国家电网公司即组织有关科研、设计单位和高等院校，密切结合特高压直流在中国应用的实际情况，对特高压直流输电技术的关键技术问题展开研究，为了使研究结果得到试验验证，国家电网公司又在北京建成了特高压直流试验基地，并在西藏建设了高海拔直流试验基地。前者已于 2007 年 5 月投入使用，后者于 2008 年建成，从此，我国具备了进行 ±1000kV 及以下特高压直流输电工程在不同海拔高度下的电磁环境、空气间隙放电特性、绝缘子污秽放电特性、直流避雷器等设备关键技术的试验研究能力，其试验功能达到了世界领先水平。经过参研人员几年的努力，对 ±800kV 高压直流输电工程关键技术问题的研究已取得了一系列具有创新性的重大成果，为工程建设打下了基础。其主要研究成果有：

（1）特高压直流输电电压等级研究。针对金沙江流域水能资源丰富，下游乌东德、白鹤滩、溪洛渡、向家坝四个电站总装机容量将达 38GW。一期溪洛渡、向家坝电站总装机容量 18.6GW，送电容量大，输电距离远，对特高压直流送出电压等级进行技术经济比较分析的结果表明：±800kV 直流和 ±660kV 直流的等价输电经济距离约 1400km。从有效送电距离、经济输电容量、充分利用送受端有限的线路走廊和接地极资源等各个角度出发，溪洛渡、向家坝电站采用 3 回 ±800kV、6400MW 双极直流送出的方案经济优势明显。从长远看，考虑到金沙江二期、锦屏一二级电站等西部特大型电站远距离外送的通道需求，采用 ±800kV、7200MW 特高压直流输电方案节省投资的效果更大。预计从"十二五"开始，西南水电和西藏水电外送需要特高压直流约 16～17 回。

（2）±800kV 特高压直流换流站主接线研究。主接线应考虑换流设备的提供能力、运行的可靠性和灵活性。研究表明，每极采用 1 个 12 脉动换流器，投资最少，但换流变压器的容量远远超过目前设备的制造能力，且其尺寸和重量超过铁路和公路运输的限值，当单换流阀或变压器故障时，都将造成特高压直流单极停运，损失的输送容量达到 3600MW，对两侧的交流系统造成的冲击和影响都会比较大。每极采用 2 个换流器串联的接线方式，虽然设备数量比单换流器方案增加了一倍，换流站占地、造价等也相应上升，但单台换流器容量下降了一半，有利于设备的制造和运输。由于每个 12 脉动换流器作为基本换流单元均可以独立运行，当换流阀或换流变压器故障时，可以只停运一个换流单元，损失的直流功率只有 1800MW，对两端的交流系统冲击和影响也比较小，是切实可行的技术方案。

研究结果还表明，在每极采用 2 个换流器串联的接线方式中，以两个电压相等（400kV + 400kV）的换流器串联的方式，其技术经济性能更佳。与采用两个电压不等（300kV + 500kV 或 200kV + 600kV）的换流器串联相比，有利于解决换流变压器的设计制造困难，除高端换流变压器阀侧高压侧套管运行电压相同外，其他换流变压器阀侧套管的运行电压都较低，对相应的换流变压器阀侧绝缘结构设计和套管选用及避雷器配置有利；换流变压器分接开关电流较小，高端换流变压器和低端换流变压器分接开关可以统一设计，工厂制造成本较低；高端换流阀和低端换流阀可采用相同的水冷系统，可减少备用。尤为突出的是采用两个电压相等的换流器串联的方式，运行方式灵活多样，在功率正送和功率反送的情况下，可以实现完整双极或单极运行方式、3/4 双极或单极运行方式、1/2 双极或单极运行方式，并且利用不同的换流器可组合成 49 种直流输电运行方式，可根据系统的要求灵活选择，以达到最经济运行的效果。

（3）±800kV 特高压直流输电电磁环境影响研究。研究或试验表明，在 ±800kV 直流输电线路中，选择 $6 \times 720mm^2$ 导线，分裂间距取 45cm，当海拔高度大于 2600m 后，选择 $6 \times 800mm^2$ 导线，分裂间距取 45cm，极导线对地最小高度取 18m，可以将直流输电线路的噪声、无线电干扰、地面合成电场强度、离子电流密度等限制到我国现在运行的 ±500kV 高压直流输电线路的水平，完全满足电磁环境限值要求。

（4）过电压与绝缘配合研究。对于特高压直流输电系统，由于长空气绝缘的饱和、高海拔和电气设备制造上的因素，给过电压和绝缘配合提出更高的要求。研究结果表明：将平波电抗器平均分置于极线和中性母线的布置方式，可以抑制并降低换流变压器阀侧高压端、直流阀顶、极线及平波电抗器两端等处的过电压幅值，有利于降低换流站高压端设备的绝缘水平。特高压直流输电线路中部过电压水平较高，如按线路全长 2071km 计算，过电压可达 1512kV，如按调整后的线路长度 1935km 计算，过电压可达 1395kV。鉴于其线路很长，建议根据沿线过电压幅值分段确定线路的绝缘水平，使其技术经济上更合理。最终确定了直流极线雷电和操作冲击绝缘水平推荐值为 1950kV 和 1600kV。

（5）污秽外绝缘研究。直流设备积污比交流的严重，输电线路及换流站污秽外绝缘的设计是否合理、正确，是特高压直流成败的关键。研究或试验表明，±800kV 直流输电线路在采用 I 形串和 V 形串时，对于一般地区，以盐密为 $0.05mg/cm^2$ 计，所需 I 形和 V 形单串钟罩形绝缘子片数应分别不少于 65 片和 56 片。在盐密超过 $0.1mg/cm^2$ 以上的污秽地区建议采用复合绝缘子，采用 V 形串时，在盐密为 $0.1mg/cm^2$ 时所需复合绝缘子的长度约 10m。换流站处于轻污区时，直流开关场支柱瓷绝缘子爬电比距应不小于 52mm/kV，污秽偏重时应尽可能使直流开关场设备外绝缘合成化（如使用硅橡胶合成套管、瓷表面喷涂 RTV 等），或采用户内直流开关场。

（6）空气绝缘研究。由于空气间隙的放电电压在更高的操作过电压下呈现饱和特性，因此 ±800kV 特高压下的外绝缘问题是关系到系统可靠运行的重要问题。根据过电压研究和空气间隙放电特性试验研究结果，确定 ±800kV 直流输电工程 V 形绝缘子串直线杆塔最小空气间隙距离，在线路过电压为 1512kV、海拔高度为 1000m 及以下时应不小于 6.1m。

以上关键技术问题的研究结果将直接应用于工程建设，确保特高压直流输电工程的可靠性、先进性、经济性目标的顺利实现。现在向家坝—上海的 ±800kV 直流输电工程建设正在按计划进行，世界上第一个 ±800kV 直流工程将于 2009 年在中国建成。

为了使电力系统职工和广大关心特高压直流输电技术的各界人士了解我国直流输电的过去、现在和将来，我们根据国内各直流输电工程设计、建设和运行经验及 2005 年以来特高压直流输电科研和试验成果，编写出这套特高压直流输电技术丛书，它包括《特高压直流输电理论》、《特高压直流输电工程电磁环境》、《特高压直流外绝缘技术》、《特高压直流输电系统过电压及绝缘配合》、《特高压直流电气设备》、《特高压直流输电线路维护与检测》和《特高压直流输电线路》共七个分册。

本书为《特高压直流输电理论》，共分七章。第一章主要介绍国内外直流输电系统发展的概况，直流系统的基本结构、特点及其应用，我国发展特高压直流输电的必要性和开展特高压直流输电研究已具备的条件。第二章为高压直流输电换流器的工作原理。换流器是实现交、直流转换的关键设备，本章介绍直流工程普遍采用的 6 脉动和 12 脉动换流器（整流器和逆变器）的基本工作原理及其运行特性。第三章为直流输电的稳态特性。直流系统控制灵活、快捷，可快速实现运行方式的改变，它可以在额定电压下运行，也可以降低电压运行；功率可以正送，也可以反送；为实现对交流系统功率的紧急支援，它可以短时过负荷运行等。本章对各种运行方式的特性及条件进行了阐述。第四章是直流输电的控制与保护。控制与保护是实现直流系统安全、稳定运行的关键，本章介绍换流器控制、直流系统控制、控制保护装置及其配置方式的功能、特点和要求。第五章为直流输电的谐波特性。换流器是一个谐波源，它在交流和直流侧都会产生谐波，影响交流系统供电质量，对通信系统产生干扰，因此必须采取措施予以抑制。本章除了介绍交流和直流侧特征谐波的估算方法还介绍了抑制谐波的方法。第六章为高压直流输电换流站，±600kV 及以下的换流站均采用一个 12 脉动换流器接线，如果特高压换流站仍采用一个 12 脉动换流器接线，将给换流变压器的制造和运输带来困难，使特高压直流输电难于实现。本章介绍特高压换流站采用两个电压相等的 12 脉动换流器串联接线的特点以及换流变压器、平波电抗器等设备与换流器阀的连接及布置。第七章为直流输电接地极及其线路。当直流电流通过接地极入地时，进入大地的直流电流会对附近的金属管道产生腐蚀，对中性点接地的变压器产生直流偏磁，对通信线路产生干扰等，本章介绍对接地极极址和接地极材料的基本要求。

　　特高压输电是当代电力技术发展的重要阶段性标志。随着特高压电网的建设和运营，新的课题还将不断出现；随着特高压关键技术的突破，特高压输电技术必将不断完善和发展。

第一章

概　述

第一节　直流输电发展概况

从 1954 年瑞典果特兰岛高压直流输电工程投入工业化运行以来，全世界投入运行的高压直流输电工程总数已超过 100 个，总容量超过 70 000MW。其中 ±（450～600）kV 直流输电工程有 20 多个，包括我国的葛洲坝—南桥、天生桥—广东、三峡—常州、三峡—广东、贵州—广东 1 回、三峡—上海、贵州—广东 2 回等，总的输送容量超过 18 000MW，已成为世界直流输电第一大国。

一、国外直流输电发展概况

最早的直流输电是用直流发电机直接向直流负荷供电。1882 年，法国物理学家德普勒用装设在米斯巴赫煤矿中的直流发电机，以 1.5～2.0kV 电压，沿着 57km 的电报线路，把电力送到在慕尼黑举办的国际展览会上，完成了有史以来的第一次直流输电试验。此后，为提高输电电压，采用了直流发电机串联的方法。1912 年，直流输电的电压、功率和距离分别达到 125kV、20MW 和 225km。由于直流电源采用直流发电机串联，电动机负荷也是串联方式，运行方式复杂，可靠性差，因此直流输电在当时没有得到进一步的发展。随着三相交流发电机、感应电动机和变压器的迅速发展，直流输电很快被交流输电所取代。

交流输电的发展使直流输电的发展受到很大影响，但由于直流输电具有交流输电所不能取代的优点，如直流输电的输送容量不受同步运行稳定性的限制，用电缆输电时不受电缆线路的长度限制等，因此，美国、瑞典、联邦德国等仍继续研究直流输电技术。

在交流电网已全面占领市场的情况下，要采用直流输电，必须采用交流/直流—直流/交流的输电方式，即将交流电源转换为直流，用直流进行远距离输电，在受端再将直流转换为交流，以供交流负荷使用。因此，必须要解决交流与直流的转换问题。按照交、直流转换（换流）设备的发展过程，直流输电的发展可分为以下几个阶段：

1. 汞弧换流阀阶段

1935年，美国采用汞弧阀建立了15kV、100kW的直流输电系统。1943年，瑞典研制成功了栅控汞弧阀，建立了一条90kV、6.5MW、58km的直流输电线路。与此同时，德国试制了单阳极汞弧阀。这些为直流输电的兴起做了很好的技术准备。随着大功率汞弧阀的问世，直流输电工程得到了进一步的发展。从1954年瑞典投入世界上第一个工业性直流输电工程（果特兰岛直流工程）起，到1977年最后一个采用汞弧阀的直流工程（加拿大纳尔逊河Ⅰ期工程）建成止，世界上共有12个采用汞弧阀的直流工程投入运行。其中输送容量最大和输送距离最长的是美国太平洋联络线（1440MW、1362km），输电电压最高的为加拿大纳尔逊河Ⅰ期工程（±450kV）。最大容量的汞弧阀为用于太平洋联络线的多阳极汞弧阀（133kV、1800A）以及用于苏联伏尔加格勒—顿巴斯直流工程的单阳极汞弧阀（130kV、900A）。由于汞弧阀制造技术复杂、价格昂贵、逆弧故障率高、可靠性较低、运行维护不便等因素，直流输电的发展受到限制。

2. 晶闸管换流阀阶段

20世纪70年代以后，电力电子技术和微电子技术迅速发展，高压大功率晶闸管研制成功，并应用于直流输电工程。晶闸管换流阀和微机控制技术在直流输电工程中的应用，有效地改善了直流输电的运行性能和可靠性，促进了直流输电技术的发展。晶闸管换流阀不存在逆弧问题，而且制造、试验、运行维护和检修都比汞弧阀简单而方便。1970 年，瑞典首先采用晶闸管换流器叠加在原有汞弧阀换流器上，对果特兰岛直流工程进行扩建增容，增容部分的直流电压为 50kV，功率为 10MW。1972 年，世界上第一个全部采用晶闸管换流阀的伊尔河背靠背直流工程（80kV、320MW）在加拿大投入运行。由于晶闸管换流阀比汞弧阀有明显的优点，从此以后新建的直流工程均采用晶闸管换流阀。与此同时，原来采用汞弧阀的直流工程也逐步被晶闸管阀所替代。20 世纪 70 年代以后，微机控制和保护、光电传输技术、水冷技术、氧化锌避雷器等新技术，在直流输电工程中也得到了广泛的应用，促使直流输电技术进一步发展。

1954～2000 年，世界上已投入运行的直流输电工程共 63 个，其中架空线路的 17 个，电缆线路的 8 个，架空线和电缆混合线路的 12 个，背靠背直流工程 26 个（详见附录 A 表 A.1、表 A.2）。在采用架空线路输电的直流工程中，巴西伊泰普直流工程电压最高（±600kV），输送容量最大（31 500MW）；南非英加—沙巴直流工程输送距离最长（1700km）；在采用电缆输电的直流工程中，英法海峡直流工程输送容量最大（2000MW）；瑞典—德国的波罗的海直流工程电压最高（450kV），距离最长（250km）；背靠背换流站容量最大的是巴西与阿根廷联网的加勒比工程（1100MW）。在此时期，直流输电工程输送容量的年平均增长率，在 1960～1975 年为 460MW/年，1976～1980 年为 1500MW/年，1981～1998 年为 2096MW/年。

3. 新型半导体换流设备的应用

20 世纪 90 年代以后，新型氧化物半导体器件——绝缘栅双极晶体管（IGBT）首先在工业驱动装置上得到广泛的应用。1997 年 3 月，瑞典建成世界上第一个采用 IGBT 组成电压源换流器的 10kV、3MW、10km 直流输电工业性试验工程。这种被称为轻型直流输电的工程在小型输电工程中具有较好的竞争力。到 2000 年，在瑞典、澳大利亚、爱沙尼亚和芬兰等国已有 5 个轻型直流输电工程投入运行。由于 IGBT 单个组件的功率小、损耗大，不利于大型直流输电工程采用。

近期研制成功的集成门极换相晶闸管（IGCT）和大功率碳化硅组件，具有电压高、通流能力大、损耗低、体积小、可靠性高的特点，并且还具有自关断能力，在直流输电工程中有很好的应用前景。

二、中国直流输电发展概况

1. 直流输电的技术准备

20 世纪 60 年代开始，国内制造和运行部门的研究单位开始对直流输电进行试验室研究，1974 年在西安高压电器研究所建成一个 8.5kV、200A、1.7MW、采用 6 脉动换流器的背靠背换流试验站。1977 年在上海利用杨树浦发电厂到九龙变电所之间报废的交流电缆，建成一个采用 6 脉动换流器的 31kV、150A、4.65MW、8.6km 的直流输电试验工程。以上工作为我国直流输电工程的发展打下了基础、做好了技术准备。

2. 高压直流工程

1987 年全部采用国内技术的舟山直流输电工程投入运行，从此直流输电开始在我国得到了应用和发展，到 2007 年我国已有 10 个直流输电工程投入运行，这些工程主要参数见表 1-1。

表 1-1 我国已建成的直流工程

序号	工程名称（简称）	电压（kV）	功率（MW）	距离（km）架空线路	电缆	投运年份	备注
1	舟山	-100	50	42	12	1987	
2	葛洲坝—南桥（葛—南）	±500	1200	1045		1989 极 1 1990 极 2	
3	马窝—北郊（天—广）	±500	1800	960		2000 极 1 2001 极 2	
4	嵊泗	±50	60	6.5	59.7	2002	
5	龙泉—政平（三—常）	±500	3000	860		2002 极 1 2003 极 2	

续表

序号	工程名称（简称）	电压（kV）	功率（MW）	距离（km）		投运年份	备注
				架空线路	电缆		
6	荆州—惠州（三—广）	±500	3000	960		2004	
7	安顺—肇庆（贵—广1）	±500	3000	880		2004	
8	灵宝	120	360			2005	背靠背
9	宜都—华新（三—沪）	±500	3000	1075		2006	
10	兴仁—深圳（贵—广2）	±500	3000	1194		2007	
11	高岭	±125	1500			2008	背靠背

（1）舟山直流输电工程。本工程是我国第一个全部依靠自己的力量建设的直流输电工程，它解决了浙江大陆向舟山本岛的输电问题，同时具有向建设大型直流输电工程的工业性试验性质。

1987 年进行调试并投入试运行，1989 年正式投入商业运行。整流站在浙江省宁波附近的大碶镇，逆变站在舟山本岛的鳌头浦。

1998 年对设备进行了更新和改造。采用微机型控制保护装置取代了原来的数控型，并增加潮流反送的功能，使舟山工程具有双向送电的能力。

（2）葛洲坝—南桥直流输电工程。该工程设计和全部设备由国外承包商承担。由原 BBC 公司总承包，西门子公司提供南桥换流站的全部一次设备。是我国第一个远距离直流输电和联网的工程。葛洲坝—南桥直流输电工程为双极 ±500kV、1200A、1200MW、输送距离 1045km。整流站在葛洲坝水电站附近的葛洲坝换流站，逆变站在上海的南桥换流站。1989 年 9 月，极 1 投入运行；1990 年 8 月，全部工程建成，并投入商业运行。

（3）天生桥—广州直流输电工程。该工程西起天生桥水电站附近的马窝换流站，东至广州的北郊换流站，输电距离 960km，采用双极 ±500kV、1800A、1800MW。工程的主要特点为远距离大容量的交直流并联输电，可以利用直流输电的快速控制来提高交流的输送容量和系统运行的稳定性。与葛洲坝—南桥直流输电工程相比，本工程采用了以下新技术：

1）为提高直流侧的滤波效果，直流侧装设了直流有源滤波器。

2）为减少直流侧外绝缘的闪络故障，换流变压器阀侧套管和阀厅的直流穿墙套管均采用新型合成绝缘套管。

3）采用光电型直流电流测量装置。

4）直流侧的金属回路转换断路器采用 SF_6 断路器。为了促进换流设备的国产化，少量的换流阀在国内制造厂进行组装和试验。工程于 2000 年 12 月极 1 投入运行，2001 年工程全部建成。

（4）嵊泗直流输电工程。嵊泗直流输电工程是我国自行设计和建造的双极海底电缆直流工程，主要解决从上海向嵊泗岛及宝钢马迹山码头的送电问题，同时也考虑到当嵊泗岛上的风力发电发展到一定规模时，也具有向上海反送的功能。工程的主要特点是受端为弱交流系统，并含有相当大量的宝钢马迹山码头的动态冲击负荷，从而使工程的控制保护系统以及受端的无功补偿方式在技术上均需进行特殊的考虑。工程为双极，±50kV，600A，60MW，可双向送电。直流输电线路从上海的芦潮港换流站到嵊泗换流站，共 66.2km，其中 59.7km 为海底电缆，6.5km（分两段）为架空线路。工程于 2002 年全部建成。除控制保护装置由许继电气股份有限公司供货外，其余全部设备均由西安电力机械股份有限公司承包。

（5）龙泉—政平直流输电工程。本工程是三峡水电站向华东电网的第一个送电工程，工程为双极 ±500kV、3000A、3000MW。直流架空线路从三峡电站附近的龙泉换流站到江苏常州的政平换流站，全长 860km。换流站设备由 ABB 公司承包，政平换流站的换流变压器和平波电抗器由西门子公司提供。在引进设备的同时，也进行了技术引进和技术转让，其中部分主要设备（如换流阀、换流变压器、平波电抗器、晶闸管组件等）在国内制造厂组装。工程于 2002 年 12 月极 1 投入运行，2003 年 5 月全部建成。

（6）荆州—惠州直流输电工程。本工程是三峡水电站向广东的送电和实现华中与华南电网的联网工程。工程为双极 ±500kV、3000A、

3000MW。直流架空线路从湖北的荆州换流站到广东的惠州换流站，全长960km。2004年2月极1投入运行，6月双极全部建成。换流站设备由ABB公司负责，国内生产。

（7）安顺—肇庆直流输电工程（贵—广1）。本工程是云南、贵州电力东送工程，是贵州—广东第1回直流工程，直流架空线路由贵州的安顺换流站到广东的肇庆换流站，全长880km。工程为双极±500kV、3000A、3000MW，2004年6月建成。换流站设备由西门子公司供货。采用光直接触发晶闸管（LT）换流阀。

（8）灵宝背靠背直流工程。本工程实现华中与西北两大电网联网，其主要参数为直流120kV、360MW、3000A。换流站设备全部采用国产设备，工程已于2005年建成。

（9）宜都—华新直流输电工程。本工程是三峡水电站向华东电网的第二个送电工程。全长1075km，额定参数与龙泉—政平直流输电工程相同。2006投入运行。本工程主设备国产化率达到了70%。

（10）兴仁—深圳直流输电工程（贵—广2）。本工程是贵州—广东第2回直流工程，全长1194km，输电电压、容量等与贵—广1回相同，2007投运。

（11）高岭背靠背直流工程。本工程是华北和东北两个500kV电网之间的联网工程。换流站一期工程为双极、±125kV，3000A、两组750MW换流器，总容量1500MW，于2008年底建成投运。已成为世界上容量最大的背靠背换流站，最终容量为3000MW。设备全部由国内提供。

从表1-1可以看出，2002～2007年，为配合三峡和云贵电力送出，平均一年建成一个3000MW的大容量、远距离直流输电工程，使我国成为世界上直流输电容量最大、发展最快的国家。

3. 特高压直流输电工程

为实现西南水电以及大型火电基地电力送出，正在建设的特高压直流输电工程有：±800kV云南—广东直流输电工程，额定容量5000MW，输电距离 1400km；±800kV 向家坝—上海直流输电工程，额定容量 6400MW，输电距离约 2000km。这两个工程均计划在 2009 年建成第 1 极，2010 年全部建成。此外，在建的高压工程还有 ±660kV 宁东—山东直流输电工程，额定容量 4000MW，输电距离约 1400km。这些工程建成投产后，我国将成为世界上直流输电电压等级最高的国家。

为了配合特高压直流输电工程的建设，解决特高压直流输电的技术等问题。中国电力科学研究院承担了国家电网公司北京特高压直流试验基地和西藏高海拔直流试验基地的建设，前者已投入使用，后者 2008 年建成。上述试验基地可以进行 ±1000kV 及以下特高压直流输电的电磁环境、直流设备空气间隙放电特性、绝缘子污秽、外绝缘、直流避雷器等设备关键技术的试验研究，其试验功能达到了世界领先水平。它的建成为特高压直流输电的发展打下了基础。图 1-1~图 1-7 为特高压直流试验基地主要试验装置，图 1-8 为西藏高海拔试验基地户外试验场。

图 1-1　特高压双回直线试验线段

图 1-2　两厢式电晕笼

图 1-3　户外试验场

图 1-4　污秽及环境试验室

图 1-5　直流、工频、冲击试验大厅

图 1-6　绝缘子试验室

图 1-7　避雷器试验室

图 1-8　西藏高海拔试验基地户外试验场

第二节　直流输电系统的结构

直流输电系统由整流站、直流线路和逆变站三部分组成，如图 1-9 所示。图中交流电力系统 1 和 2 通过直流输电系统相连。交流电力系统 1、2 分别是送、受端交流系统，送端系统送出交流电经换流变压器和整流器变换成直流电，然后由直流线路把直流电输送给逆变站，经逆变器和换流变压器再将直流电变换成交流电送入受端交流系统。图 1-9 中完成交、直流变换的站称为换流站，将交流电变换为直流电的换流站称为整流站，而将直流电变换为交流电的换流站称为逆变站。

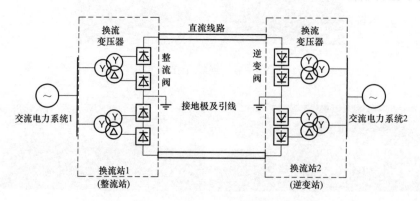

图 1-9　直流输电系统原理接线图

直流输电系统按照其与交流系统的接口数量分为两大类，即两端（或端对端）直流输电系统和多端直流输电系统。两端直流输电系统是只有一个整流站和一个逆变站的直流输电系统，它与交流系统只有两个接口，是结构最简单的直流输电系统，是世界上已运行的直流输电工程普遍采用的方式。多端直流输电系统与交流系统有三个及以上的接口，它有多个整流站和逆变站，以实现多个电源系统向多个受端系统的输电。目前只有意大利—撒丁岛（三端）和魁北克—新英格兰（五端）直流输电工程为多端直流输电系统。

两端直流输电系统又可分为单极（正极或负极）、双极（正、负两极）和背靠背直流输电系统（无直流输电线路）三种类型。

一、单极直流输电系统

单极直流输电系统中换流站出线端对地电位为正的称为正极，为负的称为负极。与正极或负极相连的输电导线称为正极导线或负极导线，或称为正极线路或负极线路。单极直流架空线路通常多采用负极性（即正极接地），这是因为正极导线电晕的电磁干扰和可听噪声均比负极导线的大。同时由于雷电大多为负极性，使得正极导线雷电闪络的概率也比负极导线的高。单极系统运行的可靠性和灵活性不如双极系统好，因此，单极直流输电工程不多。

单极系统的接线方式可分为单极大地（或海水）回线方式和单极金属回线方式两种。另外当双极直流输电工程在单极运行时，还可以接成双导线并联大地回线方式运行。图 1 – 10（a）～图 1 – 10（c）分别给出这三种方式的示意图。

1. 单极大地回线方式

单极大地回线方式是两端换流器的一端通过极导线相连，另一端接地，利用大地（或海水）作为直流的回流电路，见图 1 – 10（a）。这种方式的线路结构简单，利用大地作为回线，省去一根导线，线路造价低。但地下（或海水中）长期有大的直流电流流过，大地电流所

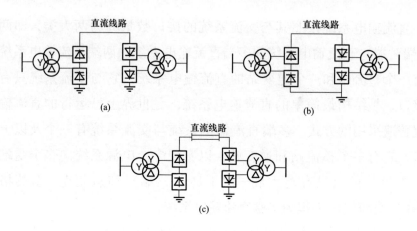

图 1 - 10　单极直流输电系统接线示意图

（a）单极大地回线方式；（b）单极金属回线方式；（c）单极双导线并联大地回线方式

经之处，将引起埋设于地下或放置在地面的管道、金属设施发生电化学腐蚀，使中性点接地变压器产生直流偏磁而造成变压器磁饱和等问题。这种方式主要用于高压海底电缆直流工程，如瑞典—丹麦的康梯—斯堪工程，瑞典—芬兰的芬挪—斯堪工程，瑞典—德国的波罗的海工程，丹麦—德国的康特克工程等。

2. 单极金属回线方式

单极金属回线方式见图 1 - 10（b），采用低绝缘的导线（也称金属返回线）代替单极大地回线方式中的大地回线。在运行中，地中无电流流过，可以避免由此所产生的电化学腐蚀和变压器磁饱和等问题。为了固定直流侧的对地电压和提高运行的安全性，金属返回线的一端接地，其不接地端的最高运行电压为最大直流电流在金属返回线上的压降。这种方式的线路投资和运行费用均较单极大地回线方式的高。通常只在不允许利用大地（或海水）为回线或选择接地极较困难以及输电距离又较短的单极直流输电工程中采用。但在双极运行方式中需要单极运行时可以采用。

3. 单极双导线并联大地回线方式

单极双导线并联大地回线方式见图 1 - 10（c）。这种方式是双极运行方式中需要单极运行时采用的特殊方式，与单极大地回线方式相比，由于极导线采用两极导线并联，极导线电阻减小一半，因此，线路损耗减小一半。

二、双极系统接线方式

双极系统接线方式是直流输电工程普遍采用的接线方式，可分为双极两端中性点接地方式、双极一端中性点接地方式和双极金属中性线方式三种类型。图 1-11 所示为双极直流输电系统接线示意图。

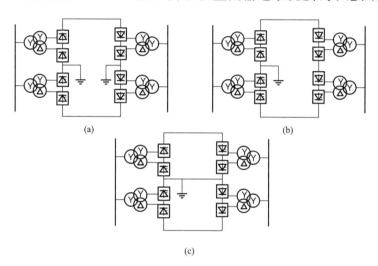

图 1-11　双极直流输电系统接线示意图

（a）双极两端中性点接地方式；（b）双极一端中性点接地方式；

（c）双极金属中性线方式

1. 双极两端中性点接地方式

双极两端换流器中性点接地方式（简称双极方式）的正负两极通过导线相连，两端换流器的中性点接地，见图 1-11（a）。实际上它可看成是两个独立的单极大地回路方式。正负两极在地回路中的电流方向相反，地中电流为两极电流之差值。双极对称运行时，地中无电流流过，或仅有少量的不平衡电流流过，通常小于额定电流的 1%。因此，在双极对称方式运行时，可消除由于地中电流所引起的电腐蚀等问题。当需要时，双极可以不对称运行，这时两极中的电流不相等，地中电流为两极电流之差。运行时间的长短由接地极寿命决定。

双极两端换流器中性点接地方式的直流输电工程，当一极故障时，另一极可正常并过负荷运行，可减小送电损失。双极对称运行时，一端接地极系统故障，可将故障端换流器的中性点自动转换到换流站内的接地网临时接地，并同时断开故障的接地极，以便进行检查和检修。当一极设备故障或检修停运时，可转换成单极大地回线方式、单极金属回线方式或单极双导线并联大地回线方式运行。由于此方式运行方式灵活、可靠性高，大多数直流输电工程都采用此接线方式。

2. 双极一端中性点接地方式

这种接线方式只有一端换流器的中性点接地，见图 1-11（b）。它不能利用大地作为回路。当一极故障时，不能自动转为单极大地回线方式运行，必须停运双极，在双极停运以后，可以转换成单极金属回线运行方式。因此，这种接线方式的运行可靠性和灵活性均较差。其主要优点是可以保证在运行中地中无电流流过，从而可以避免由此所产生的一系列问题。这种系统构成方式在实际工程中很少采用，只在英—法海峡直流输电工程中得到应用。

3. 双极金属中性线方式

双极金属中性线方式是在两端换流器中性点之间增加一条低绝缘的金属返回线。它相当于两个可独立运行的单极金属回线方式，见图 1-11（c）。为了固定直流侧各种设备的对地电位，通常中性线的一端接地，另一端中性点的最高运行电压为流经金属线中最大电流时的电压降。这种方式在运行中地中无电流流过，它既可以避免由于地电流而产生的问题，又具有比较高的可靠性和灵活性。当一极线路发生故障时，可自动转为单极金属回线方式运行。当换流站的一个极发生故障需停运时，可首先自动转为单极金属回线方式，然后还可转为单极双导线并联金属回线方式运行。其运行的可靠性和灵活性与双极两端中性点接地方式相类似。由于采用三根导线组成输电系统，其线路结构较复杂，线路造价较高。通常是当不允许地中流过直流电流或接地极极址很难选择时才采用。例如，英国伦敦的金斯诺斯地下电缆直流工程、日本纪伊直流工程以及加拿大—美国的魁北克—新英格兰多端直流工程的一部分是采用这种系统构成方式。

三、背靠背直流系统

背靠背直流系统是输电线路长度为零（即无直流输电线路）的两端直流输电系统，它主要用于两个异步运行（不同频率或频率相同但异步）的交流电力系统之间的联网或送电，也称为异步联络站。如果两个被联电网的额定频率不相同（如 50Hz 和 60Hz），也可称为变频站。背靠背直流系统的整流站和逆变站的设备装设在一个站内，也称背靠背换流站。在背靠背换流站内，整流器和逆变器的直流侧通过平波电抗器相连，而其交流侧则分别与各自的被联电网相连，从而形成两个交流电网的联网。两个被联电网之间交换功率的大小和方向均由控制系统进行快速方便的控制。为降低换流站产生的谐波，通常选择12 脉动换流器作为基本换流单元。图 1 – 12 所示为背靠背换流站的原理接线。换流站内的接线方式有换流器组的并联方式和串联方式两种。

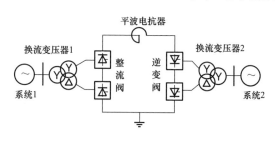

图 1 – 12　背靠背换流站原理接线图

背靠背直流输电系统的主要特点是直流侧可选择低电压、大电流（因无直流输电线路，直流侧损耗小），可充分利用大截面晶闸管的通流能力，同时直流侧设备（如换流变压器、换流阀、平波电抗器等）也因直流电压低而使其造价相应降低。由于整流器和逆变器均装设在一个阀厅内，直流侧谐波不会造成对通信线路的干扰，因此可省去直流滤波器，减小平波电抗器的电感值。由于上述因素使得背靠背换流站的造价比常规换流站的造价降低约15% ~ 20%。

四、多端直流输电系统

多端直流输电系统是由三个及以上换流站，以及连接换流站之间的高压直流输电线路所组成，它与交流系统有三个及以上的接口。多端直流输电系统可以解决多电源供电或多落点受电的输电问题，它还可以联系多个交流系统或者将交流系统分成多个孤立运行的电网。在多端直流输电系统中的换流站，可以作为整流站运行，也可以作为逆变站运行，但作为整流站运行的换流站总功率与作为逆变站运行的总功率必须相等，即整个多端系统的输入和输出功率必须平衡。根据换流站在多端直流输电系统之间的连接方式可以分为并联方式或串联方式，连接换流站之间的输电线路可以是分支形或闭环形，见图1-13。

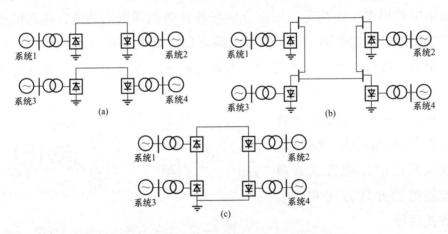

图1-13　多端直流输电系统原理接线

（a）并联—分支形；（b）并联—闭环形；（c）串联接线

1. 串联方式

串联方式的特点是各换流站均在同一个直流电流下运行，换流站之间的有功调节和分配主要是靠改变换流站的直流电压来实现。串联方式的直流侧电压较高，在运行中的直流电流也较大，因此其经济性能不如并联方式好。当换流站需要改变潮流方向时，串联方式只需改变换流器的触发角，使原来的整流站（或逆变站）变为逆变站（或整流站）运行，不需改变换流器直流侧的接线，潮流反转操作快速方便。当某一换流站发生故障时，可投入其旁通开关，使其退出工作，其余的换流站经自动调整后，仍能继续运行，不需要用直流断路器来断开故障。当某一段直流线路发生瞬时故障时，需要将整个系统的直流电压降到零，待故障消除后，直流系统可自动再启动。当一段直流线路发生永久性故障时，则整个多端系统需要停运。

2. 并联方式

并联方式的特点是各换流站在同一个直流电压下运行，换流站之间的有功调节和分配主要是靠改变换流站的直流电流来实现。由于并联方式在运行中保持直流电压不变，负荷的减小是用降低直流电流来实现，因此其系统损耗小，运行经济性也好。

由于并联方式具有上述优点，因此目前已运行的多端直流系统均采用并联方式。并联方式的主要缺点是当换流站需要改变潮流方向时，除了改变换流器的触发角，使原来的整流站（或逆变站）变为逆变站（或整流站）以外，还必须将换流器直流侧两个端子的接线倒换过来接入直流网络才能实现。因此，并联方式对潮流变化频繁的换流站是很不方便的。另外，在并联方式中当某一换流站发生故障需退出工作时，需要用直流断路器来断开故障的换流站。在目前高电压、大功率直流断路器尚未发展到实用阶段的情况下，只能借助于控制系统的调节装置与高速自动隔离开关两者的配合操作来实现。也就是在事故时，将整流站变为逆变站运行，从而使直流电压和电流均很快降到零，然后用高速自动隔离开关将故障的换流站断开，最后对健全部分进行自动再启动，使直流系统在新的工作点恢复工作。

多端直流输电系统比采用多个两端直流输电系统要经济，但其控制保护系统以及运行操作较复杂。今后随着具有关断能力的换流阀

（如 IGBT、IGCT 等）的应用以及在实际工程中对控制保护系统的改进和完善，采用多端直流输电的工程将会更多。

第三节　直流输电的特点

一、直流输电的优点

与交流输电技术相比，直流输电具有的主要优点为：不存在系统稳定问题、功率调节快速可靠、可以限制短路电流、线路造价低、损耗小等。

（1）直流输电不存在交流输电的稳定问题，有利于远距离大容量送电。

交流输电的输送功率 P 可表示为

$$P = \frac{E_1 E_2}{X_{12}} \sin\delta \qquad (1-1)$$

式中　E_1、E_2——送端和受端交流系统的等值电势；

　　　　δ——E_1 和 E_2 两个电势之间的相位差；

　　　　X_{12}——E_1 和 E_2 之间的等值电抗，对于远距离输电，X_{12} 主要是输电线路的电抗。

当 $\delta = 90°$ 时　　　　　　$P = P_m = E_1 E_2 / X_{12}$

式中　P_m——输电线路的静稳定极限。

实际交流系统不允许在这个极限状态下运行，因为在该极限状态下运行，如果系统受到微小扰动可能使运行工况偏离到 $\delta > 90°$，此时送端因送出功率减小，频率上升，而受端则因接收功率减小，频率下降，两端交流系统将会失去同步，甚至导致两系统解裂。即使在 $\delta < 90°$ 状态下运行，当电力系统受到较大扰动时，也可能失去稳定。因此，在一定的输电电压下，交流输电线路的容许输送功率和距离受到网络结构和参数的限制。随着输电距离及相应的 X_{12} 的增大，容许输送功率

随之减小。为增加输送功率必须采取提高稳定性的措施，除普遍采用的快速切除故障和重合闸、强行励磁、送端快速切机等措施外，必要时还需要增设串联电容补偿、开关站、电气制动或增加输电线路的回路数，采用这些措施将增加建设和运行费用。如用直流输电系统连接两个交流系统，则不存在两端交流发电机需要同步运行的问题，无需采取提高稳定的措施。因此，直流输电的输送容量和距离不受同步运行稳定性的限制，有利于远距离输电。

（2）采用直流输电可实现电力系统之间的非同步联网，被联交流电网可以是额定频率不同（如 50、60Hz）的电网，也可以是额定频率相同但非同步运行的电网，被联电网可保持自己的电能质量（如频率、电压）而独立运行，不受联网的影响。直流联网不会明显增大被联交流电网的短路容量，不需要由于短路容量的增加而要更换断路器或采取限流措施。被联电网之间交换的功率可快速方便地进行控制，有利于运行和管理。

（3）由于直流输电的电流或功率是通过计算机控制系统改变换流器的触发角来实现的，它的响应速度极快，可根据交流系统的要求，快速增加或减少直流输送的有功和换流器的无功，对交流系统的有功和无功平衡起快速调节作用，从而提高交流系统频率和电压的稳定性，提高电能质量和电网运行的可靠性。对于交直流并联运行的输电系统，还可以利用直流的快速控制来阻尼交流系统的低频振荡，提高交流线路的输送能力。在交流系统发生故障时，可通过直流输电系统对直流电流的快速调节，实现对事故系统的紧急支援。

（4）直流输电一般采用双极中性点接地方式，因此直流线路仅需正负两极导线，而三相交流线路则需三相导线。假设直流和交流线路的导线截面相等、电流密度也相等、具有相同的对地绝缘水平，则直流线路所能输送的功率和三相导线的交流线路所能输送的有功功率几乎相等。因此，直流架空线路与交流架空线路相比，直流线路所需导线、绝缘子、金具都比交流线路节省约 1/3，而且还减轻了杆塔的荷重，可节省钢材。由于只有两根导线，还可减少线路走廊的宽度和占地面积。所以，直流输电线路的单位长度造价比交流线路有较大幅度的降低，一般为交流架空线路的 60% ~ 70%。

（5）直流输电线路在稳态运行时没有电容电流，不需要并联电抗补偿。不会像交流长线路那样发生电压异常升高的现象。由于电缆对地电容远比架空线路大得多，用交流进行长距离电缆送电时，电缆芯线需通过大量的电容电流，使得供给负荷电流的能力变得很小，为了提高送电能力，必须沿线装设并联电抗器进行补偿，这样不仅使建设和运行费用增加，对于海底电缆来说，要实现这一措施更是非常困难。因此，对于长距离电缆送电宜采用直流输电。

（6）直流输电可方便地进行分期建设和增容扩建，有利于发挥投资效益。如双极直流输电工程可按极分期建设，先建一个极单极运行，然后再建另一个极。对于换流器采用串、并联接线的换流站，如 ±800kV 每极两个 12 脉动换流器串联的接线，除可按极分期建设外，也可以按换流器分期建设，先建一个换流器，以 1/2 电压运行，根据电源系统的建设进度，适时建设第二个换流器。对于已运行的直流工程，可以采用与原有换流器串、并联的方式进行增容扩建。

二、直流输电的缺点

（1）直流输电换流站与交流变电站相比，除需要有交流变电站所有设备（变压器要改为换流变压器）外，还需增加许多设备。为了实现交、直流的换流，需要有换流器；换流器工作时，需要消耗大量的无功，一般每端换流站所消耗的无功功率约为直流输送功率的 40% ~ 60%，因此需要增加大量的无功补偿装置。换流器工作时在交、直流侧都会产生谐波，为保证换流站交流母线电压的畸变率在允许的范围内，必须装设交流滤波器；为保证直流线路上的谐波电流在允许的范围内，在直流侧必须装设平波电抗器和直流滤波器。根据换流站过电压保护方式的特点，需要增加各种类型的交、直流避雷器，包括高压端对地的避雷器和高压端子间的避雷器。为实现直流接线方式的转换，需要有金属回路和大地回路转换用的直流断路器。此外，为实现大地作回流线路，还需建设接地极及其引线。这些使得换流站结构更加复杂，占地面积、造价和运行费用大幅度提高，可靠性降低。

（2）直流输电在以大地或海水作回流电路时，对地面、地下或海水中的金属设施，如金属构件、金属管道、电缆等造成腐蚀，需要采取阴极保护等防护措施。同时以大地或海水作回流电路时，地中直流电流通过中性点接地变压器会使变压器产生直流偏磁，引起变压器磁饱和，还会产生对通信和航海磁性罗盘的干扰等。对于双极直流系统，正常运行时，地中无电流或很小的不平衡电流，只有在极线故障时才短时通过大电流，其对周围设施的影响较小。

（3）直流断路器由于通过的直流电流没有过零点，灭弧问题难以解决，给制造带来一定困难。到目前为止还没有令人满意的极线用的高电压等级直流断路器产品，因此使多端直流输电工程发展缓慢。

第四节 直流输电的应用

直流输电的应用有两种情况：一是采用交流输电在技术上有困难或不可能，而只能采用直流输电的情况，如不同频率（如 50、60Hz）电网之间的联网或向不同频率的电网送电、因稳定问题采用交流输电难以实现、远距离电缆送电、采用交流电缆因电容电流太大而无法实现等；二是在技术上采用交、直流输电方式均能实现，但采用直流输电比交流输电具有更好的经济性，对于这种情况则需要对工程的输电方案进行全面的比较和论证，最后根据比较的结果决定。直流输电的应用有以下几个方面。

一、远距离大容量输电
远距离大容量输电采用交流还是直流，取决于经济性能的比较。

直流输电线路的造价和运行费用均比交流输电低，但换流站的造价和运行费用均比交流变电站的高。因此，对同样的输送容量，只有当输送距离达到某一长度时，换流站多花费的费用才能被直流线路节省的费用所补偿，我们将这个输电距离称为交、直流输电的等价距离，见图 1-14。对于一定的输送功率，当输电距离大于等价距离时，采用直流输电比较经济。等价距离与交流和直流输电线路的造价、交流变电站和直流换流站的造价、交流输电和直流输电系统的损耗和运行费用、损耗的电能价格等一系列经济指标有关。对于不同的国家，上述经济指标各不相同，因此，不可能有一个相同的等价距离。根据国际大电网的统计，当架空线路输送功率为 540~2160MW 时，等价距离约为640~960km，而电缆线路约为 20~40km。随着科学技术的进步，换流设备的造价会有一定的降低，从而使交、直流输电的等价距离进一步缩短，如国外双极 ±400kV 直流输电线路的等价距离，已由 1973 年的750~800km 下降至 500km。

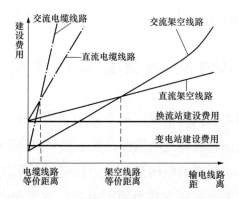

图 1-14 直流、交流输电的建设费用与输电线路长度的关系

目前我国还未完全掌握高压直流换流站设备的设计和制造技术，部分设备还需进口，因此交、直流输电的等价距离比国外的要大，如新建的 ±500kV 直流工程，其等价距离约 1000km 左右。

目前已运行和正在建设的直流工程中，远距离大容量直流输电工程约占 1/3，此类工程大多是解决大型水电站或火电中心向远方负荷中心的送电问题。例如，巴西的伊泰普直流工程（两回 ±600kV、800km、6300MW）、加拿大的纳尔逊河直流工程（两回 ±500kV、940km、4000MW）、我国新建的龙泉—政平、宜都—华新、荆州—惠州直流输电工程（±500kV、900～1100km、3000MW）等。这种远距离输电工程同时具有异步联网的性质，如三峡向华东以及向广东的送电工程，同时也实现了华中与华东、华中与华南电网的异步联网。而巴西伊泰普直流工程则是从 50Hz 的发电站与 60Hz 的电网联网。

直流大容量远距离输电工程的特点是输送容量大、距离远、电压高，其输送容量和电压代表了当时直流输电技术的最高水平。目前已投运的直流工程，最高电压为 ±600kV，最大输送容量为 3150MW，最长距离为 1700km。

二、电力系统联网

采用直流输电联网，可以充分发挥联网效益，避免交流联网所存在的问题。直流联网的主要优点是：

（1）直流联网不要求被联的交流电网同步运行，被联电网可用各自的频率异步独立运行，可保持各个电网自己的电能质量（如频率、电压）而不受联网的影响。

（2）被联电网间交换的功率，可以用直流输电的控制系统进行快速、方便地控制，而不受被联电网运行条件的影响，便于经营和管理。交流联网时，联络线的功率受两端电网运行情况的影响而很难进行控制。

（3）联网后不增加被联电网的短路容量，不需要考虑因短路容量的增加、断路器因遮断容量不够而需要更换或采用限流措施等问题。

（4）可以方便地利用直流输电的快速控制来改善交流电网的运行性能，减少故障时两电网的相互影响，提高电网运行的稳定性，降低大电网大面积停电的概率，提高大电网运行的可靠性。

目前，在工程中所采用的直流联网有以下两种类型：

（1）远距离大容量直流输电同时实现联网。

（2）背靠背直流联网。其特点是整流和逆变放在一个背靠背换流站内；无直流输电线路；可选择较低的直流电压和较小的平波电抗值；可省去直流滤波器，从而降低了换流站的造价。另外，它还可以比远距离直流输电更为方便地调节换流站的无功功率，改善被联电网的电压稳定性。对于电力系统之间的弱联系，采用背靠背联网更为有利。

背靠背直流工程发展较快，在已运行和正在建设的直流工程中约占 1/3。例如，北美洲东西部两大电网，长期以来由于稳定问题采用交流联网一直未能实现，20 世纪 80 年代以后先后建成 6 个背靠背换流站，实现了异步联网。东、西欧电网也通过 3 个背靠背换流站实现了互联。俄罗斯与芬兰电网通过背靠背换流站实现了联网。印度将通过 4 个背靠背换流站和数回直流输电线路来完成全国五大电网的异步联网。日本则通过 4 个背靠背换流站和 2 个直流输电线路实现全国 9 大电力公司的联合运行。灵宝背靠背换流站是我国第一个背靠背直流工程，实现了西北与华中电网的互联。背靠背换流站将在全国联网中发挥其重要作用。另外，在我国与周边国家的联网送电工程中，背靠背换流站也将得到应用。

三、直流电缆送电

采用相同的电压、输送相同的功率，直流电缆的费用比交流电缆要节省得多。直流电缆没有电容电流，输送容量不受距离的限制，而交流电缆由于电容电流很大，其输送距离将受到限制。电缆长度超过 40km 时，采用直流输电无论是经济上还是技术上都较为合理。因此，远距离大容量跨海峡的海底电缆送电大部分采用直流电缆。大城市附近建设大型电站受环境污染条件的限制，往往是不允许的。而大城市的用电密度高，人口稠密，架空线路的走廊难以选择。采用高压直流地下电缆将远处的电力送往大城市的负荷中心也是一种有竞争力的方案。

目前大部分跨海峡的输电工程均采用直流输电，如英法海峡直流工程，采用 2 回 ±270kV，总输送功率为 2000MW，海底电缆 72km；瑞典—德国的波罗的海直流工程，海底电缆 250km，架空线路 12km，单极 450kV，输送功率 600MW；正在建设的日本纪伊直流工程，海底电缆 51km，架空线路 51km，双极 ±500kV，输送功率 2800MW；马来西亚的巴坤直流工程，海底电缆 670km，架空线路 660km，计划 3 回 ±500kV，总输送功率 2130MW。另外，还有不少小型的跨海峡直流工程，如我国的舟山直流工程和嵊泗直流工程等。

四、向大城市送电的直流地下电缆工程

采用直流地下电缆比交流电缆有明显的优点，如英国伦敦的金斯诺斯直流工程，地下电缆长 82km，电压 ±266kV，输送电力 640MW。随着轻型直流输电和新型聚合物直流地下电缆的应用，此类工程的造价将逐渐降低，并进一步得到应用和发展。

五、轻型直流输电（HVDC Light）

轻型直流输电是 20 世纪 90 年代开始发展的一种新型直流输电技术。它采用脉宽调制（PWM）技术，应用绝缘栅双极晶体管（IGBT）组成的电压源换流器进行换流。由于这种换流器的功能强、体积小、可减少换流站的设备、简化换流站的结构，从而称之为轻型直流输电。它主要应用于向孤立的远方小负荷区供电、小型水电站或风力发电站与主干电网的连接、小型背靠背换流站以及输送功率较小的配电网络。轻型直流输电的建设周期短，换流器的控制性能好，在配电网络中有较好的竞争力。目前在瑞典、丹麦、澳大利亚、美国、墨西哥共建有 5 个轻型直流输电工程。

第五节　特高压直流输电

一、特高压直流输电的发展

直流输电线路的输电能力与电压成正比，与电流也成正比。直流

输电的输送能力与输电距离没有直接关系。但是直流输电线路的电压降与电流成正比，直流线路的电能损耗与电流平方成正比，它们都与线路的电阻成正比。所以对于超远距离的直流输电来说，直流线路的压降和损耗将会显著增大到相当比例。对于长度在2000km左右的超长距离直流线路，如果仍采用±500kV电压等级，电压降和线路损耗都将超过10%。在长距离直流输电工程中，需要更高的电压等级以降低线路损耗。

多年来，国际工业界和学术界对特高压直流输电技术的研究一直没有中断，主要工作集中在±800kV这一电压等级。总体上看，±800kV特高压直流输电技术已经具备工程应用的基本条件，目前已经可以制造出±800kV直流所需的所有设备，±800kV直流输电技术用于实际工程是完全可行的。苏联曾计划建设埃基巴斯图兹—唐波夫的±750kV、输送功率为6000MW、输送距离2400km的直流工程，所有设备都已通过了型式试验，并已建成1090km线路，虽然最终停止了建设，但其研究成果、设计、设备制造、线路等的建设经验，为±800kV特高压直流的发展奠定了坚实的理论和实践基础。

二、特高压交流输电和特高压直流输电的比较

我国西南水电资源丰富，随着西南大型水电站的建设，如金沙江一期溪洛渡、向家坝电站总装机容量为18.6GW，将电力送往华东、华中负荷中心的距离为1000～2400km，必须采用特高压的输电方式。这些送出工程是采用特高压交流还是采用特高压直流，则应根据可靠性、经济性等方面对方案进行技术经济论证比较后加以确定。

从输送能力来看，单回1000kV特高压交流线路输送的自然功率与±800kV级直流的输送功率基本相当，都可以达到5000MW或以上。它们的应用各有特点，两者相辅相成、互为补充。从我国能源流通量大、距离远的实际情况看，应建立强大的特高压交流输电网络，以解决500kV电网短路电流过大、长链型交流电网结构动态稳定性较差、受端电网集中落点过多等诸多问题。从电网规划方案安全稳定性和经济性计算结果看，对于输电距离较长的大容量输电工程，如果在输电线路中间有落点，可获得电压支撑，则交流特高压输电的安全稳定性和经济性较好，而且具有网络功能强、对将来能源流变化适应性灵活的优点。因此，除了位于边远地区的大型能源基地，输电线路中间难以落点、难以获得电压支撑的情况外，一般应首先考虑采用特高压交流实现电能的跨区域、远距离、大容量输送。但是在特高压交流输电工程建设初期，由于网络结构薄弱、中间电压支撑较差等原因，其实际输电能力将受系统稳定问题的限制，输送功率达不到自然功率。对于中间无落点的远距离输电，则应采用特高压直流输电。

针对金沙江一期送出工程，有关部门对采用交流 1000kV、每回线路输送功率 4000MW，交流 750kV、每回线路输送功率 2250MW，直流 ±800kV、输送功率 6400MW 和 4800MW，以及直流 ±600kV、输送功率 3600MW 等几种输电方案进行的技术经济分析比较，得出各种输电方式的成本与输电距离的关系如图 1-15 所示。

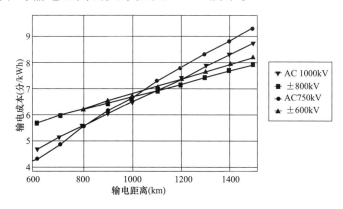

图 1-15　交、直流输电成本与输电距离的关系

从图 1-15 可以看出：

（1）特高压 1000kV 交流与 ±800kV 直流输电的等价输电经济距离为 1100km。考虑到 1000kV 交流输电形成网络后功能较强，在输电距离

小于 1400km 的情况下，从经济性看，1000kV 交流输电方案仍是适用的。当输电距离超过 1400km 时，±800kV 级特高压直流输电方案在经济性方面具有较大的优势。对于边远地区能源基地的远距离、超大容量输电工程，如果其输电通道经过人烟稀少的地带，该地带既无大的负荷发展需求，又不能对交流输电系统提供必要的电压支撑，在这种情况下，即使输电距离小于 1100km，也宜采用特高压直流输电方案。

（2）750kV 交流输电与 1000kV 交流输电的等价输电经济距离为 850km。±600kV 直流输电与 ±800kV 直流输电的等价输电经济距离为 700km。随着燃料费用的上升，较高电压等级的交流和直流方案更优。

第二章

高压直流输电
换流器的工作原理

第一节　6脉动整流器工作原理

　　直流输电用来进行换流的有6脉动换流器和12脉动换流器，由于12脉动换流器是由两个6脉动换流器串联而成，因此本节只对6脉动换流器工作原理进行分析。

　　6脉动整流器原理接线如图2－1所示。e_a、e_b、e_c为等值交流系统的工频基波正弦相电动势；L_r为每相的等值换相电抗；L_d为平波电抗值；V1～V6为换流阀。

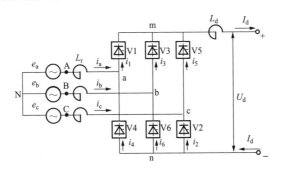

图2－1　6脉动整流器原理接线图

　　换流阀的基本元件是晶闸管，晶闸管的特点如下：

　　（1）晶闸管的导通条件：只有在阳极对阴极电压为正，且控制极对阴极加以足够能量的正向触发脉冲时才能导通。这两个条件必须同时具备，缺一不可。

（2）晶闸管的关断条件：一旦晶闸管导通，只有当流经它的电流为零时才能关断。否则即使去除了触发脉冲，也不能关断，晶闸管仍能继续导通。

图2-2给出在正常工作时，整流器主要各点的电压和电流波形，等值交流系统的线电压 u_{ac}、u_{bc}、u_{ba}、u_{ca}、u_{cb}、u_{ab} 为换流阀的换相电压。规定线电压 u_{ac} 由负变正的过零点 c_1 为换流阀 V1 触发角 α_1 计时的零点。其余线电压过零点 $c_2 \sim c_6$ 则分别为 V2 $\sim$ V6 的触发角 $\alpha_2 - \alpha_6$ 的零点。

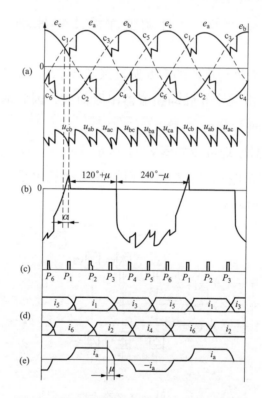

图2-2　6脉动整流器电压和电流波形图

（a）交流电动势和直流侧 m 和 n 点对中性点的电压波形；

（b）直流电压和 V1 上的电压波形；（c）触发脉冲的顺序和相位；

（d）阀电流波形；（e）交流侧 A 相电流波形

V1～V6 为组成 6 脉动换流器的 6 个换流阀的代号。数字 1～6 为换流阀的导通序号。在理想条件下，认为三相交流系统是对称的，触发脉冲是等距的，换流阀的触发角也是相等的。6 脉动整流器触发脉冲之间的间距为 60°（电角度）。

一、不可控整流器理想空载直流电压

假定换相电抗 $L_r = 0$，换流阀均为不可控的整流阀，换流阀的通态电压降和断态漏电流均可忽略不计，直流电流是平直的。在 c_1 时刻以后，V1 和 V6 处于导通状态，换流器的直流输出电压为线电压 U_{ab}。到 c_2 时刻，由于 B 点电位高于 C 点电位，V2 进入导通状态，V6 在反向电压作用下电流到零而关断，直流输出电压为 U_{ac}。到 c_3 时刻，由于 B 点电位高于 A 点电位，V3 进入导通状态，V1 电流过零而关断，直流输出电压为 U_{bc}。

按此方法进行分析，换流器在任何时刻总是有两个阀导通，每个阀在一个工频周期内导通 120°，阻断 240°。由于 $L_r = 0$，阀的换相过程是瞬时的，在交流电动势的作用下，换流阀周而复始地按序开通和关断。因此，图 2-1 中 m 和 n 之间输出的直流瞬时电压 U_{d0}，在一个周期中是由依次为 1/6 周期的 6 个正弦曲线段（u_{ab}、u_{ac}、u_{bc}、u_{ba}、u_{ca}、u_{cb}）组成的，从而使三相交流电动势 e_a、e_b、e_c 经整流变成每周期有 6 个脉动的直流电压 U_d，因此称为 6 脉动整流器。

从直流电压的瞬时值取平均值得 U_{d01}，称为 6 脉动整流器的理想空载直流电压，可表示为

$$U_{d01} = \frac{3\sqrt{2}}{\pi}E_1 = 1.35E_1 \tag{2-1}$$

式中　E_1——换流变压器阀侧绕组空载线电压有效值。

二、可控整流器理想空载直流电压

假定换流器由可控的晶闸管所组成。换流器在交流侧电动势和触发脉冲的作用下，按照晶闸管阀的开通和关断条件，进行有次序的开

通和关断，将交流电变为直流电。触发脉冲 P_i（i 为 1～6 的正整数，代表阀的导通顺序）只有在相应的 c_i 到来之后才能使 Vi 导通，因 c_i 之后 Vi 的阳极对阴极才开始为正电压。P_i 延迟于 c_i 的电角度 α_i 称为 Vi 的触发角（或称控制角）。因此，对于晶闸管换流阀，在 P_i 到来之前，原导通的阀仍继续导通，直到 P_i 到来时，Vi 才具备两个导通条件而导通，并顶替了原导通的阀，从而使 6 个换流阀的导通时间均向后推移 α 电角度。此时，整流器的理想空载直流电压的平均值 U'_{d01} 可表示为

$$U'_{d01} = U_{d01}\cos\alpha \qquad\qquad (2-2)$$

显然，$U'_{d01} < U_{d01}$。当 $\alpha = 0°$ 时，$U'_{d01} = U_{d01}$（为最大值）。当 $0 < \alpha < 90°$ 时，$U'_{d01} > 0$（为正值）。当 $\alpha = 90°$ 时，$U'_{d01} = 0$。而当 $90° < \alpha < 180°$ 时，$U'_{d01} < 0$（为负值）。当 $\alpha > 180°$ 时，则 Vi 的阳极对阴极变为负电压，Vi 不具备导通条件。因此，Vi 具有导通条件的范围为 $0 < \alpha < 180°$，而整流器 α 角可能的工作范围为 $0 < \alpha < 90°$。在正常运行时，整流器 α 角的工作范围比较小。为保证换流阀中串联晶闸管导通的同时性，通常取 α 最小值为 5°。另一方面，α 角在运行中需要有一定的调节余地，但当 α 角增大时整流器的运行性能将变坏，因此 α 角的可调裕度尽量不要太大。通常整流器 α 的工作范围为 5°～20° 为宜。如果需要利用整流器进行无功功率调节，或直流输电需要降压运行时，则 α 角要相应增大。在实际工程中直流端难免存在杂散电容和电导，由于电容的储能作用，整流器平均空载直流电压的实际值，最大可到换相线电压的峰值（$\sqrt{2}E$），最小将不会低于 $U_{d01}\cos\alpha$。

三、可控整流器直流电压（$L_r > 0$ 时）

实际上换相回路中总有电感存在，即 $L_r > 0$，因此实际的换相过程与上述 $L_r = 0$ 的情况不同。当触发脉冲 P_i 到来时，Vi 导通，但由于 L_r 的存在，Vi 中的电流不可能立刻上升到 I_d（当整流器直流侧带负荷时，由于平波电抗器和直流滤波器的存在，使得直流电流波形近似平直，其平均值为 I_d）。同样的原因，在将要关断的阀中的电流也不可能立刻

从 I_d 降到零。它们都必须经历一段时间，才能完成电流转换过程，这段时间所对应的电角度 μ_1 称为换相角，这一过程称为换相过程。也就是说换相不可能是瞬时的。在换相过程中，在同一个半桥中参与换相的两个阀都处于导通状态，从而形成换流变压器阀侧绕组的两相短路。在刚导通的阀中，其电流方向与两相短路电流的方向相同，电流从零开始上升到 I_d。而在将要关断的阀中，其电流方向与两相短路电流的方向相反，电流则从 I_d 开始下降，直至到零而关断，从而完成两个换流阀之间的换相过程。因此，整流器的换相是借助于换流变压器阀侧绕组的两相短路电流来实现的。

6 脉动换流器在非换相期同时有 2 个阀导通（阳极半桥和阴极半桥各 1 个），在换相期则同时有 3 个阀导通（换相半桥中 2 个，非换相半桥中 1 个），从而形成 2 个阀和 3 个阀同时导通按序交替的"2 – 3"工况（也称正常运行工况）。在"2 – 3"工况下，每个阀在一个周期内的导通时间不是 120°，而是 120° + μ_1 用 λ 来表示，称为阀的导通角。此时阀的关断时间也不是 240°，而是 240° – μ_1。6 脉动换流器正常运行时（"2 – 3"工况）的电压电流波形见图 2 – 2。

阀电压波形上以 μ_1 为宽度的齿形为其他阀换相时产生的影响，也称换相齿。换流阀运行在整流状态时，由于 $\alpha < 90°$，大部分时间处于反向阻断状态，阀上电压大部分为负值，其稳态最大值为换流器交流侧线电压峰值。在实际运行中，由于杂散电容和换相电抗的存在，换流阀在关断时必然产生高频电压振荡。这种振荡波形，在关断时刻将叠加在阀电压波形上，从而加大了阀电压的幅值，由此引起的阀电压的升高称为换相过冲。通常采用并联电容和电阻支路的方法，对关断时的高频振荡进行阻尼，使换相过冲降低到 20% 以下。

6 脉动整流器在正常运行时（"2 – 3"工况）的直流电压平均值可表示为

$$U_{d1} = U'_{d01} - \frac{3}{\pi}X_{r1}I_d = U_{d01}\cos\alpha - d_{r1}I_d \qquad (2-3)$$

$$X_{r1} = \omega L_{r1}$$

$$d_{r1} = 3X_{r1}/\pi$$

式中　X_{r1}——等值换相电抗；

　　　d_{r1}——一个单位直流电流在换相过程中引起的直流电压降，也称为比换相压降。

式（2-3）表示整流器的直流电压和直流电流的关系，也称为整流器的伏安特性或外特性。当 U_{d01} 和 d_{r1} 不变时，它是一系列的直线（见图2-3）。式（2-3）只适合于"2-3"工况，即 $\mu_1 < 60°$ 的情况。

换相角 μ_1 是换流器在运行中的一个重要参数，它可以表示为

$$\mu_1 = \arccos\left(\cos\alpha - \frac{2X_{r1}I_d}{\sqrt{2}E_1}\right) - \alpha \tag{2-4}$$

从式（2-4）可知，μ_1 与 I_d、E_1、X_{r1} 和 α 四个因素有关。当 X_{r1} 和 α 不变时，μ_1 随 I_d 的增加或 E_1 的下降而增大。很明显，当 X_{r1} 增大时，μ_1 则增大。μ_1 与 α 的关系为：当运行在整流工况（$\alpha < 90°$）时，μ_1 随 α 的增加而减小；在 $\alpha = 0°$ 时，μ_1 最大；在 $\alpha \approx 90°$ 时（$\alpha < 90°$ 且接近 $90°$ 时），μ_1 最小。

当 $\mu_1 = 60°$ 时，在 P_i 脉冲到来时，由于前一个阀的换相过程尚未结束，V_i 阳极对阴极的电压为负值，V_i 不具备导通条件而不能导通，它必须推迟到其电压为正时才能导通。推迟的时间用 α_b 表示，称为强迫触发角。在这种情况下，P_i 已失去了控制能力。随着 I_d 的增加 α_b 将增大，最大可到 $30°$。当 $\alpha_b = 30°$ 时，V_i 的阳极电压则开始在 P_i 到达时变为正值，此时 V_i 又具备了导通条件，P_i 又恢复了其控制能力。在 $0 < \alpha_b < 30°$ 期间，$\mu_1 = 60°$ 为常数，$\lambda = 180°$ 为常数（导通角）。此时换流阀在一个周期内导通 $180°$，阻断 $180°$，换相角为 $60°$，换流器在任何时刻都同时有 3 个阀导通，因此这种工况也称为"3"工况。

当 $\mu_1 > 60°$ 时，$\alpha_b = 30°$（α_b 约为常数），随着 I_d 的加大。μ_1 将增大，其变化范围为 $60° < \mu_1 < 120°$，而导通角 λ 的变化范围是 $180° < \lambda <$

240°。此时将出现 3 个阀同时导通和 4 个阀同时导通按序交替的情况，称为"3-4"工况。当 3 个阀同时导通时，换流阀只在一个半桥中进行换相，换流变压器为两相短路状态；而当 4 个阀同时导通时，在上下两个半桥中有两对换流阀进行换相重叠的时间，此时换流变压器为三相短路，换流器的直流输出电压为零。当 $\mu_1 = 120°$ 时，$\lambda = 240°$，则形成稳定的 4 个阀同时导通的状态，即换流变压器稳定的三相短路。此时直流电压的平均值为零，直流电流的平均值为换流变压器三相短路电流的峰值。

四、整流器的运行特性

整流器的运行特性是指它输出的直流电压平均值 U_d 和直流电流 I_d 的函数关系，即外特性，可用 $U_d = f(I_d)$ 表示。根据式（2-3）直流电压 U_d 和直流电流 I_d 的关系式，可写出整流器在恒定交流电压和定触发角 α 的条件下，正常运行时的外特性方程式，并绘出它的外特性曲线。图 2-3 给出了整流器从空载到短路的全部负荷范围内的外特性曲线。为了方便计算和分析，在图 2-3 中用直流电压和直流电流的标幺值来表示。直流电压以理想空载直流电压 U_{d01} 为基准，直流电流以换流变压器三相短路电流的峰值为基准，即

$$U_{d1B} = U_{d01} \qquad (2-5)$$

$$I_{d1B} = \frac{\sqrt{2}E_1}{\sqrt{3}X_{r1}} \qquad (2-6)$$

则各种工况用标幺值电压 U_{d1}^* 和标幺值电流 I_d^* 表示的外特性方程式如下：

（1）"2-3"工况：　$U_{d1}^* = \cos\alpha - \frac{1}{\sqrt{3}}I_d^* \qquad (2-7)$

（2）"3"工况：　　$U_{d1}^{*2} + I_d^{*2} = \left(\frac{\sqrt{3}}{2}\right)^2 \qquad (2-8)$

（3）"3-4"工况：　$U_{d1}^* = \sqrt{3}\left[\cos(\alpha - 30°) - I_d^*\right] \qquad (2-9)$

从式（2-7）～式（2-9）可知，"2-3"工况和"3-4"工况的

外特性为不同斜率的直线。当 $\alpha = 0°$ 时，"3" 工况为以 $\sqrt{3}/2$ 为半径的一段圆弧，在图 2 – 3 中此圆弧的虚线部分为 "2 – 3" 工况和 "3 – 4" 工况的分界线。当 $0 < \alpha < 30°$ 时，其外特性在 "2 – 3" 工况时为一直线，而到 "3" 工况时，则为一段圆弧。当 $30° < \alpha < 60°$ 时，在 "2 – 3" 工况和 "3 – 4" 工况时，其外特性分别为不同斜率的直线，其交点在半径为 $\sqrt{3}/2$ 的圆弧的虚线上。

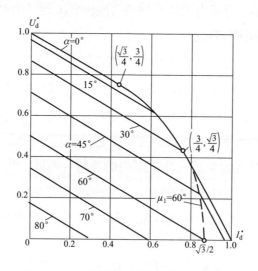

图 2 – 3　6 脉动整流器外特性曲线图

在正常情况下，直流负载电流较小，换流器均工作在 "2 – 3" 工况，换流变压器只在换相（3 个阀同时导通）期间处于两相短路状态。随着负荷电流的增加，换流器将转为 "3" 工况，换流变压器将处于 a、b、c 三相按序轮流的两相短路状态，直流电压将降低得更多。当负荷电流进一步增大时，换流器将转入 "3 – 4" 工况，换流变压器则处于两相短路（3 个阀同时导通）和三相短路（4 个阀同时导通）交替的状态，换流器的内部压降将更大，其直流电压下降的速度也更快。当负荷电流增至换流变压器阀侧绕组三相短路电流的幅值时，直流电压则下降到零，换流变压器则处于稳定的三相短路状态。

第二节 6脉动逆变器工作原理

逆变器是将直流电转换为交流电的换流器。直流输电工程所用的逆变器,目前大部分均为有源逆变器,它要求逆变器所接的交流系统提供换相电压和电流,即受端交流系统必须有交流电源。图2-4给出了6脉动逆变器的原理接线。与整流器一样,逆变器也是由6个换流阀所组成的三相桥式接线。由于换流阀的单向导电性,逆变器换流阀的可导通方向,必须与整流器的相一致,这样才能保证直流电流的流通。

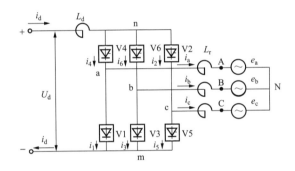

图2-4 6脉动逆变器原理接线图

换流器作为逆变器运行时,其共阴极点m的电位为负,共阳极点n的电位为正,与其作为整流器运行时的极性正好相反。逆变器的6个阀V1~V6,也是按同整流器一样的顺序,借助于换流变压器阀侧绕组的两相短路电流进行换相。6个阀规律性的通断,在一个工频周期内,分别在共阳极组和共阴极组的三个阀中,将流入逆变器的直流电流,交替地分成三段,分别送入换流变压器的三相绕组,使直流电转变为交流电。

由于逆变器是直流输电的受端负荷,它要求直流侧输出的电压为负值。由式(2-2)可知,当 $\alpha > 90°$ 时,直流输出电压为负值。根据换流阀导通条件的要求,换流阀只在 $0 < \alpha < 180°$ 时才具有导通条件,因此其阳极对阴极的电压为正。在此区间内,当 $\alpha < 90°$ 时,直流输出

电压为正值，换流器工作在整流工况。当 $\alpha = 90°$ 时，直流输出电压为零，称为零功率工况。当 $\alpha > 90°$ 时，直流输出电压为负值，换流器则工作在逆变工况。因此，逆变器的触发角 α 比整流器的滞后很多。在实际运行中，由于有换相过程的存在，当考虑到换相角 μ 的影响时，直流输出电压为零不是当 $\alpha = 90°$ 时，而是在 $\alpha = 90° - \mu/2$ 时。因此，实际上整流工况变为逆变工况的 α 角总比 $90°$ 小一些。

图 2−5 给出了逆变器正常运行时（"2−3"工况）各主要点的电压和电流波形。

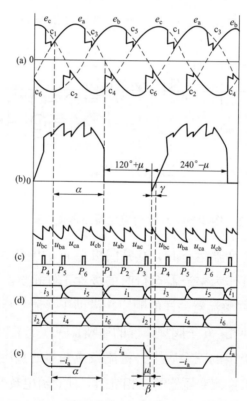

图 2−5　6 脉动逆变器电压和电流波形图

（a）交流电动势和直流侧 m 和 n 点对中性点的电压波形；

（b）直流电压和阀 V1 上的电压波形；（c）触发脉冲的顺序和相位；

（d）阀电流波形；（e）交流侧 a 相电流波形

对比图 2 - 2 和图 2 - 5 可知，逆变器的直流电压和阀电压、阀电流等波形均相当于整流器的波形反转 180°。逆变器的阀在一个周期内大部分时间处于正向阻断状态，而整流器的阀则大部分时间处于反向阻断状态。逆变器阀上作用的最大稳态电压也是换流变压器阀侧绕组线电压的峰值。也同整流器一样，由于杂散电容和换相电抗的存在，逆变器的阀电压，也有换相过冲。由于逆变器和整流器的触发相位不同（α 角不同），在换相过程中阀电流的波形也不同。整流器在刚导通的阀中，电流上升速度是越来越快，而逆变器则是越来越慢。逆变器的直流平均电压可表示为

$$
\begin{aligned}
U_{d2} &= U_{d02}\cos\alpha - d_{r2}I_d = -U_{d02}\cos(180° - \alpha) - d_{r2}I_d \\
&= -(U_{d02}\cos\beta + d_{r2}I_d)
\end{aligned}
\tag{2 - 10}
$$

$$U_{d02} = 1.35E_2$$

$$d_{r2} = 3X_{r2}/\pi$$

$$\beta = 180° - \alpha$$

式中　　U_{d02}——逆变器的理想空载直流电压；

　　　　E_2——逆变器换流变压器阀侧绕组空载线电压有效值；

　　　　d_{r2}——逆变器的比换相压降；

　　　　X_{r2}——逆变器的等值换相电抗；

　　　　β——逆变器的超前触发角。

由于受端交流系统等值电感 L_{r2} 的存在，逆变器的阀也有一个换相过程，用 μ_2 表示，称为逆变器的换相角。此外，为了保证逆变器的换相成功，还要求其换流阀从关断（阀中电流为零）到其电压由负变正的过零点之间的时间要足够长，使得阀关断后处于反向电压的时间能够充分满足其恢复阻断能力的要求。否则当阀上电压变正时，阀在无触发脉冲的情况下，可能又重新导通，而造成换相失败。规定从阀关断到阀上电压由负变正的过零点之间的时间用 γ 表示，称为逆变器的关断角。

由图 2 - 5 可知，$\gamma = \beta - \mu_2$。当引入 γ 的概念以后，逆变器的直流

电压还可表示为

$$U_{d2} = U_{d02}\cos\gamma - d_{r2}I_d \tag{2-11}$$

与整流器相对应，逆变器的换相角 μ_2 可表示为

$$\mu_2 = \arccos\left(\cos\gamma - \frac{2X_{r2}I_d}{\sqrt{2}E_2}\right) - \gamma \tag{2-12}$$

在运行中逆变器的换相角 μ_2 也随着直流电流 I_d、交流侧电压 E_2、触发角 β 以及系统的等值电抗 X_{r2} 的变化而变化。当直流电流升高或交流侧电压降低时，均引起 μ_2 加大。在 β 角不变（或来不及变化）时，μ_2 加大，意味着 γ 减小，因为 $\gamma = \beta - \mu_2$。当 γ 小到一定程度时，可能发生换相失败。为了防止换相失败，规定在运行中 $\gamma \geq \gamma_0$。γ_0 是为了满足换流阀恢复阻断能力的最短时间，同时还考虑到交流系统三相电压和参数的不对称性而留的裕度。通常取 $\gamma_0 = 15° - 18°$。另一方面，在运行中也不希望 γ 过大，因为这将使逆变器的运行性能变坏。因此，在逆变站均设置有定 γ 的调节器。在运行中当 μ_2 变化时，γ 角调节器则自动改变触发角 β，来保持 γ 角为一给定值。通常 γ 角调节器的整定值取 γ_0。

以上所讲的 $\gamma = \beta - \mu_2$ 的关系式，只适用于 $\beta < 60°$ 的情况。当 $\beta > 60°$ 时，由于换相齿对阀电压波形的影响，他们之间的关系则不是这样。图 2-6（a）和图 2-6（b）分别给出当 $60° < \beta < 90°$ 和 $90° < \beta < 90° + \mu_2/2$ 时，γ、β 和 μ_2 之间的关系图。

从图 2-6 可知，当 $60° < \beta < 90°$ 时，$\gamma = 60° - \mu_2$（$\mu_2 < 60°$）。此时 γ 与 β 角无关，它只决定于 μ_2。当 $90° < \beta < 90° + \mu_2/2$ 时，$\gamma = \beta - 30° - \mu_2$（$\mu_2 < 60°$）。因此，逆变器在 $\beta > 60°$ 的大触发角运行时，由于换相齿对阀电压波形的影响，使得阀电压从负变正的过零点提前，从而使 γ 角变小，这对逆变器的稳定运行不利。在正常运行时 μ_2 约为 $20°$，对逆变器的运行影响不大，当逆变器过负荷或故障情况下，μ_2 将增大，使得 γ 变得更小，逆变器的稳定运行可能受到威胁。

对逆变器通常给出两种形式的外特性：① β 为常数的外特性，

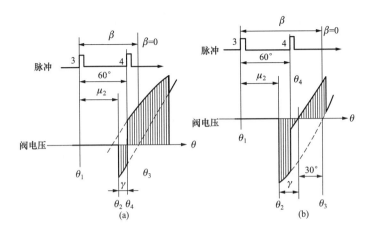

图 2 - 6　$\beta > 60°$时，γ、β 和 μ_2 之间的关系图

(a) $60° < \beta < 90°$；(b) $90° < \beta < 90° + \mu_2/2$

$U_{d2} = f(I_d)$，它反映无自动调节时逆变器的工作情况；② γ 为常数时的外特性，$U_{d2} = f(I_d)$，它反映具有定 γ 角调节时逆变器的工作情况。图 2 - 7 给出 6 脉动逆变器的外特性。

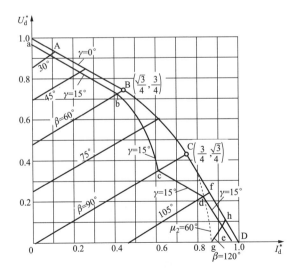

图 2 - 7　6 脉动逆变器的外特性图

与整流器相同，逆变器的直流电压和直流电流的基准值也分别取为其理想空载直流电压及其交流侧三相短路电流的峰值，可表示为

$$U_{d2B} = U_{d02} \tag{2-13}$$

$$I_{d2B} = \frac{\sqrt{2}E_2}{\sqrt{3}X_{r2}} \tag{2-14}$$

在此条件下，逆变器对于"2-3"工况、"3"工况和"3-4"工况，用标幺值表示的外特性方程式如下：

（1）"2-3"工况，β 为常数的外特性为

$$U_{d2}^* = \cos\beta + \frac{1}{\sqrt{3}} I_d^* \tag{2-15}$$

（2）"2-3"工况，$\beta < 60°$，γ 为常数的外特性为

$$U_{d2}^* = \cos\gamma - \frac{1}{\sqrt{3}} I_d^* \tag{2-16}$$

（3）"2-3"工况，$60° < \beta < 90°$，γ 为常数的外特性为

$$\frac{U_{d2}^{*2}}{\cos^2\left(30° - \dfrac{\gamma}{2}\right)} + \frac{I_d^{*2}}{3\sin^2\left(30° - \dfrac{\gamma}{2}\right)} = 1 \tag{2-17}$$

（4）"2-3"工况，$90° < \beta < 90° + \mu_2/2$，$\mu_2 < 60°$，$\gamma$ 为常数的外特性为

$$U_{d2}^* = \cos(\gamma + 30°) - \frac{1}{\sqrt{3}} I_d^* \tag{2-18}$$

（5）"3-4"工况，β 为常数的外特性为

$$U_{d2}^* = \sqrt{3}\cos(\beta + 30°) + \sqrt{3}I_d^* \tag{2-19}$$

（6）"3-4"工况，γ 为常数的外特性为

$$U_{d2}^* = \sqrt{3}\cos\gamma - \sqrt{3}I_d^* \tag{2-20}$$

从式（2-15）~式（2-20）可知，β 为常数的外特性，对于"2-3"工况和"3-4"工况，为不同斜率的直线；而 γ 为常数的外特性，则

因 β 角工作范围的不同而不同。在"2-3"工况，当 $\beta<60°$ 和 $90°<\beta<90°+\mu_2/2$ 时，为不同斜率的直线；而当 $60°<\beta<90°$ 时，则为一段椭圆。在"3-4"工况，则为一直线。图 2-7 给出了 β 分别为 30°、45°、60°、75°、90°、105°、120°以及 $\gamma=15°$ 时的外特性，此外图 2-7 中还给出了当 $\gamma=0°$ 时理论上的边界线，在实际运行中 $\gamma=0°$ 时的外特性是不存在的。

第三节　12 脉 动 换 流 器

12 脉动换流器由两个 6 脉动换流器在直流侧串联而成，换流变压器的阀侧绕组一个为星形接线，而另一个为三角形接线，从而使两个 6 脉动换流器的换相电压相位相差 30°。图 2-8 给出了 12 脉动换流器原理接线图。

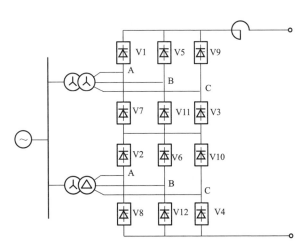

图 2-8　12 脉动换流器原理接线图

12 脉动换流器由 V1～V12 共 12 个换流阀组成，图 2-8 中所给出的换流阀序号为其导通的顺序号。在每一个工频周期内有 12 个换流阀轮流导通，它需要 12 个与交流系统同步的按序触发脉冲，脉冲之间的间距为 30°。

12 脉动换流器的优点之一是其直流电压质量好，所含的谐波成分少。其直流电压为两个换相电压相差 30°的 6 脉动换流器的直流电压之和，在每个工频周期内有 12 个脉动数，因此称为 12 脉动换流器。直流电压中仅含有 $12k$ 次的谐波，而每个 6 脉动换流器直流电压中的 $6(2k+1)$ 次谐波，因彼此的相位相反而互相抵消，在直流电压中则不再出现，因此有效地改善了直流侧的谐波性能。12 脉动换流器的另一个优点是其交流电流质量好，谐波成分少。交流电流中仅含 $12k \pm 1$ 次的谐波，每个 6 脉动换流器交流电流中的 $6(2k-1) \pm 1$ 次的谐波，在两个换流变压器之间成环流，而不进入交流电网，12 脉动换流器的交流电流中将不含这些谐波，因此也有效地改善了交流侧的谐波性能。对于采用一组三绕组换流变压器的 12 脉动换流器，其变压器网侧绕组中也不含 $6(2k-1) \pm 1$ 次的谐波，因为每个这种次数的谐波在它的两个阀侧绕组中的相位相反，因此在变压器的主磁通中互相抵消，在网侧绕组中则不再出现。因此，大部分直流输电工程均选择 12 脉动换流器作为基本换流单元，从而可简化滤波装置，降低换流站造价。

12 脉动换流器的工作原理与 6 脉动换流器相同，它也是利用交流系统的两相短路电流来进行换相。当换相角 $\mu < 30°$时，在非换相期两个桥中只有 4 个阀同时导通（每个桥中 2 个），而当有一个桥进行换相时，则同时有 5 个阀导通（换相的桥中有 3 个，非换相的桥中有 2 个），从而形成在正常运行时 4 个阀和 5 个阀轮流交替同时导通的"4－5"工况，它相当于 6 脉动换流器的"2－3"工况。当换相角 $\mu = 30°$时，两个桥中总有 5 个阀同时导通，在一个桥中一对阀换相刚完，在另一个桥中的另一对阀紧接着开始换相，而形成"5"工况。在"5"工况时，$\mu = 30°$为常数。当 $30° < \mu < 60°$时，将出现在一个桥中一对阀换相尚未结束之前，在另一个桥中就有另一对阀开始换相。即出现在两个桥中同时有两对阀进行换相的时段，在此时段内两个桥共有 6 个阀

同时导通，当在一个桥中换相结束时，则又转为 5 个阀同时导通的状态，从而形成"5 - 6"工况。随着换流器负荷的增大，换相角 μ 也增大，其结果使 6 个阀同时导通的时间延长，相应的 5 个阀同时导通的时间缩短。当 $\mu = 60°$ 时，"5 - 6"工况即结束。在正常运行时，$\mu < 30°$，而不会出现"5 - 6"工况。只有在换流器过负荷或交流电压过低时，才可能出现 $\mu > 30°$ 的情况。

12 脉动换流器与 6 脉动换流器的另一个主要区别是当两桥之间有耦合电抗存在时，则会产生两桥在换相时的相互影响。图 2 - 9 给出 12 脉动换流器的等值电路简化图。

假定桥 1 和桥 2 的两组换流变压器的容量 S_T、漏抗 X_T 和阀侧线电压 U_T 均相等，其阀侧绕组接线分别为星形和三角形。图 2 - 9 中 E 为交流系统的等值电动势，X_S 为交流系统的等值电抗。在运行中两个桥的电流均流经 X_S，因此 X_S 为

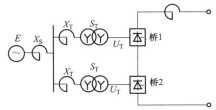

图 2 - 9　12 脉动换流器
等值电路简化图

两桥之间的耦合电抗。此时两桥的换相电抗均为 $X_r = X_S + X_T$。取 A 为两桥间相互影响的系数，它代表两桥相互影响的程度，则 A 可表示为

$$A = \frac{X_S}{X_S + X_T} = \frac{X_S}{X_r} \qquad (2 - 21)$$

换流器运行于整流状态时，在"4 - 5"工况范围内，$\mu < 30°$，在非换相期（4 个阀同时导通），由于直流电流在耦合电抗上无电压降，对母线电压波形则无影响。在一个桥中有一对阀进行换相时（5 个阀同时导通），造成该桥交流侧的两相短路，此时的两相短路电流（即换相电流）在耦合电抗上产生电压降，使母线电压畸变，从而使另一个桥上的阀电压波形产生附加换相齿，但此时的直流电压波形不会受到影响。因此，可以认为耦合电抗在这种情况下，对整流器的工作没有影

响。6 脉动换流器的稳态计算公式也都可以应用于 12 脉动换流器。12 脉动换流器的直流电压、直流功率、交流电流、换流器消耗的无功等均为两个 6 脉动换流器之和。当换流器工作在 $\mu \geq 30°$ 的 "5" 工况和 "5 - 6" 工况时，耦合电抗将对整流器的工作产生影响。它将降低直流电压，使换流器外特性的斜率加大，并且桥间相互影响系数 A 越大，则影响越严重。如果整流器的额定负荷点选在 "5 - 6" 工况，在确定额定直流电压时，则需要选取更高的换流变压器阀侧空载电压，从而使阀和相应的设备承受更高的工作电压，同时整流器的功率因数将降低。如果额定负荷点选在 "4 - 5" 工况，则上述特点仅在过负荷时出现，此时外特性曲线更陡地下降，对限制过负荷将会产生一些好的影响。因此，整流器的额定负荷点必须选在 "4 - 5" 工况。此时，整流站极对地电压为

$$U_{d1} = N_1 \left(1.35 U_1 \cos\alpha - \frac{3}{\pi} X_{r1} I_d \right) \tag{2 - 22}$$

式中　U_1——整流站换流变压器阀侧空载线电压有效值；

　　　N_1——整流站每极中的 6 脉动换流器数；

　　　X_{r1}——整流站每相的换相电抗；

　　　α——整流器的触发角；

　　　I_d——直流电流平均值。

换流器运行于逆变状态时，在 "4 - 5" 工况，当 $\beta < 30°$ 时，桥间的相互影响实际上可以不考虑。在这种情况下，虽然阀电压波形上产生附加换相齿，但对逆变器的直流电压波形和关断角 γ 均无影响。此时 $\gamma = \beta - \mu_2$，6 脉动换流器的计算公式全都可以应用于 12 脉动换流器。而当 $\beta \geq 30°$ 时，耦合电抗将对逆变器的工作产生影响。图 2 - 10 给出了 12 脉动换流器运行于逆变状态时，在桥 2 中 V2 上的电压波形。逆变站极对地电压为

$$U_{d2} = N_2 \left(1.35 U_2 \cos\beta + \frac{3}{\pi} X_{r2} I_d \right) \tag{2 - 23}$$

$$U_{d2} = N_2\left(1.35U_2\cos\gamma - \frac{3}{\pi}X_{r2}I_d\right) \qquad (2-24)$$

式中　　U_2——逆变站换流变压器阀侧空载线电压有效值；

　　　　N_2——逆变站每极中的 6 脉动换流器数；

　　　　X_{r2}——逆变站每相的换相电抗；

　　　　β——逆变器的触发角；

　　　　γ——逆变器的关断角；

　　　　I_d——直流电流平均值。

图 2 - 10 中，D 为本桥（桥 2）换相过程产生的换相齿，D′和 D″为另一桥（桥 1）换相过程产生的附加换相齿。当 $\beta \geqslant 30°$ 时，附加换相齿的前沿和横轴相交，使阀电压由负变正的过零点提前，从而使实际的 γ 角减小，此时 $\gamma =$ 30° $-\mu_2$。图 2 - 11 给出了附加换

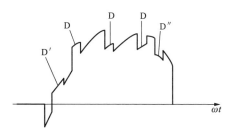

图 2 - 10　12 脉动逆变器
在桥 2 中 V2 上的电压波形图

相齿 D′对逆变器关断角 γ 影响的示意图。因此，逆变器产生换相失败的可能性将增大，对逆变器的稳定运行很不利。为保证逆变器的安全运行，需要加大 β 角，这将使逆变器消耗的无功功率增大，降低逆变器的有效容量，并加大逆变器产生的谐波。如果 β 角仍保持在 30° 以下，又要保证 γ 角至少为 15°，则换相角 μ_2 的最大值只能是 15°（因 $\mu_2 = 30° - \gamma$），这将不得不降低逆变器的负载电流。另一方面，当 $\beta \geqslant$ 30°时，桥间耦合电抗将使逆变器的定 γ 角外特性曲线下降得更快，即在同样的电流下，逆变器的直流电压更低，这对限制故障时的过电流不利。因此，桥间耦合电抗对 12 脉动逆变器的影响比对整流器的影响要严重。如果不采取措施解决这一问题，逆变器的运行性能将受到较大的影响。

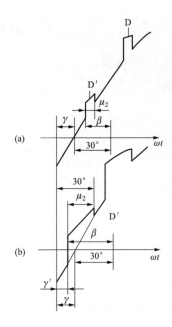

图 2 - 11　附加换相齿 D′对
逆变器关断角 γ 的影响
（a）$\beta < 30°$；（b）$\beta > 30°$

在直流输电工程中，通常采用的解决措施是在换流站的交流母线上装设完善的交流滤波装置，使母线电压基本上为正弦电压。此时，可用换流变压器的漏抗 X_T 作为换相电抗，而换算到阀侧的交流电压为换相电压。在这种情况下，两桥通过耦合电抗 X_S 的交流电流主要是基波电流，谐波电流大部分均为交流滤波装置所吸收。此时在耦合电抗上产生的压降主要是基波压降，其影响只会使三相交流电压对称地下降，而不会在阀电压波形上产生附加换相齿，从而消除了对换流器正常运行的影响。当12脉动换流器采用一组三绕组换流变压器时，两桥间的耦合电抗则为系统的等值电抗与换流变压器网侧绕组漏抗之和。而滤波装置只能装设在交流母线上。为了消除桥间的相互影响，通常选择换流变压器网侧绕组的漏抗为零，而两个阀侧绕组的漏抗相等。

从理论上讲，两桥之间的解耦还可以采用平衡电抗器的方法，使得电抗器的互感抗 X_M 和系统的等值电抗相等，从而使在 X_S 中的电压降与在 X_M 上的电压升相抵消，也就消除了桥间耦合电抗的影响。但这种方法需要在高压换相回路中外加电抗器，另一方面系统的等值电抗在运行中也会经常变化，很难做到完全补偿，在实际工程中也很少采用。

直流输电的稳态特性

第一节　直流输电额定值

直流输电系统的额定值是指在长期连续运行时的输送能力，以功率额定值、电压额定值和电流额定值来表示。长期连续运行时的额定值是进行工程设计、设备参数选择以及决定工程造价的基础参数。此外，在工程设计时，还需要对其他运行方式下的输送能力作出规定，如过负荷运行方式、降压运行方式、功率倒送运行方式等。

一、额定直流功率

额定直流功率是指在所规定的系统条件和环境条件的范围内，在不投入备用设备的情况下，直流输电工程连续输送的有功功率。直流输电工程是以一个极为一个独立运行单位。每个极的额定直流功率为极的额定直流电压和额定直流电流的乘积。直流输电的主回路系统通常包括整流站、逆变站和直流输电线路三部分，每一部分都有损耗，因此额定直流功率的测量点需要作出规定。通常规定额定直流功率的测量点在整流站的直流母线处。

逆变站直流母线的额定功率等于整流站的额定功率减去直流线路的损耗。

背靠背直流工程没有直流输电线路，整流站和逆变站安排在一个背靠背换流站内，其直流侧是直接连接在一起的。对于此类工程其额定直流功率确定后，通过对背靠背直流系统的设计优化来确定其额定直流电压和额定直流电流。

当直流输电工程为系统联络线性质时，通常其正向输送和反向输送的额定功率是相同的，此时两端换流站的额定直流功率相等。当直流输送功率主要是向一个方向输送（如远方发电厂向电力系统或负荷点送电）时，则额定直流功率可按单方向送电来考虑，此时两端换流站的额定直流功率不相等，逆变站的额定直流功率为整流站的额定直流功率减去在额定直流电流下的直流线路损耗。在这种情况下，直流输电工程的反向输送能力将低于正向输送能力。

二、额定直流电流

额定直流电流是在所规定的系统和环境条件下，能长期连续运行的直流输电系统直流电流的平均值。额定直流电流对选择设备类型、参数以及换流站冷却系统的设计具有重要意义。通常背靠背直流输电工程，由于无直流输电线路，可以选择较大的额定直流电流，而远距离直流输电工程，则选择较小的额定直流电流。

三、额定直流电压

额定直流电压是在额定直流电流下输送额定直流功率所要求的直流电压的平均值。它是在换流站的额定交流电压、换流变压器额定抽头以及换流器额定触发角的条件下，并在额定直流电流下运行时的直流电压。换流站额定直流电压的测量点规定在换流站直流高压母线的平波电抗器线路侧和换流站的直流中性母线之间。对于远距离直流输电工程，由于两端换流站的额定直流电压不同（逆变站的低于整流站），通常规定送端整流站的额定直流电压为工程的额定直流电压。

由于目前直流输电工程数量还不多，而结构类型很多（如单极、双极、架空线路、电缆线路和背靠背工程等），每一个直流工程的额定直流电压都是根据当时的设备制造水平、系统条件等选择的。因此，目前直流输电的额定直流电压没有形成系列标准值。已运行工程的额定直流电压有 17、25、50、70、80、82、85、100、125、140、150、

160、180、200、250、266、270、350、400、450、500、533、600kV 等。随着直流输电技术的发展、成熟以及工程数量的增多，直流输电的额定直流电压也会像交流输电那样，形成一定的电压等级系列，以利于设备制造和降低工程费用。

第二节 直流输电最小输送功率

直流输电工程的最小输送功率主要取决于最小直流电流，而最小直流电流则是由直流断续电流来决定的。换流器的直流输出电压是由多段交流正弦波电压所组成，因此，直流电流也不是平直的，而是叠加有波纹的。电流波纹的幅值取决于直流电压的波纹幅值、直流线路参数以及平波电抗器电感值等。当直流电流的平均值小于某一定值时，直流电流波形可能出现间断，即直流电流出现断续现象。这种电流断续的状态，对于直流输电工程是不能允许的。因为电流断续将会在换流变压器、平波电抗器等电感元件上产生很高的过电压。因此，直流输电工程规定有最小直流电流限值，不允许直流运行电流小于此限值。考虑到留有一定的安全裕度，通常取工程的最小直流电流限值等于或大于连续电流临界值（即不产生断续的电流临界值）的两倍。

连续电流临界值与平波电感值、换流器的触发角 α 以及换流器的脉动数有关。6 脉动换流器和 12 脉动换流器的连续电流临界值可分别用以下近似公式进行计算。

（1）6 脉动换流器

$$I_{\text{dd6}} = \frac{U_{\text{d0}}}{\omega L_{\text{d}}} \cdot 0.093\,1\sin\alpha \qquad (3-1)$$

（2）12 脉动换流器

$$I_{\text{dd12}} = \frac{U_{\text{d0}}}{\omega L_{\text{d}}} \cdot 0.023\sin\alpha \qquad (3-2)$$

式中　I_{dd6}、I_{dd12}——6 脉动换流器和 12 脉动换流器的连续电流临界值；

$\qquad\qquad U_{d0}$——换流器的理想空载直流电压；

$\qquad\qquad \omega$——工频角频率；

$\qquad\qquad L_d$——平波电感值；

$\qquad\qquad \alpha$——换流器的触发角。

　　在进行直流输电工程设计时，经常是先选定工程的最小直流电流值，然后利用式（3-1）或式（3-2）对所选择的平波电感值进行核算，看是否能满足直流电流不发生电流断续的要求。如果不能满足要求，则需要增大平波电感值，或提高最小直流电流值。通常直流输电工程的最小直流电流选择为其额定直流电流的 5%~10%。

　　直流输送功率为直流电压和直流电流的乘积，当最小直流电流确定后，则可得到最小直流输送功率。直流输电工程大多都具有降压运行的功能，其降压运行方式的直流电压通常为额定直流电压的 70%~80%。降压运行时换流器的触发角 α 比额定电压时要大，其临界连续电流值将增大，从而要求最小直流电流值也相应增大。如果在所选定的平波电抗值情况下，降压运行时可能产生电流断续的现象，可以在降压运行时提高最小直流电流值。平波电抗器电感值的选择经常是由其他因素所决定的，而防止直流电流断续的因素通常不起决定作用。大部分直流输电工程，在所选的平波电感值情况下，降压运行不需要提高最小直流电流值。由于降压运行时直流电压的降低，当最小直流电流不变时，直流工程的最小输送功率也将相应减小。

第三节　直流输电过负荷

　　直流输电过负荷通常是指直流电流高于其额定值，其过负荷能力是指直流电流高于其额定值的大小和持续时间的长短。在过负荷情况下，可能需要考虑可接受的设备预期寿命的降低以及备用冷却设备和低于所规定的环境温度的利用等。过负荷也可用功率来规定，但对于换流设备来说，其过负荷能力主要决定于直流电流。如果在过负荷条件下，要求保持额定直流电压，则要升高换流器和换流变压器的额定电压值。如果在这种情况下要求换流器触发角 α 保持在额定值，则换流变压器带负荷调抽头的范围要加大。如果设计成在额定功率下有较大的额定触发角，则将引起换流站的无功补偿量、损耗以及换流器所产生的谐波增大。以上这些因素均会使换流站的造价增加，因此通常是对工程的直流电流过负荷额定值作出规定。

对直流输电过负荷能力的要求，取决于两端交流系统的需要，特别是在交流系统发生故障或直流系统的某一部分发生故障后的需要。如当受端交流系统发生故障，需要直流输电在一定时间内进行紧急功率支援时；当直流输电的一个极因故障退出工作，而需要另一极在短时间内多送功率时；当交流系统因故障而产生低频振荡，需要利用直流系统的功率调制来阻尼振荡时等。对直流输电工程过负荷能力的要求，通常是在工程系统研究工作中进行研究而作出决定。根据系统运行的需要，直流输电工程的过负荷，可分为以下几种：

（1）连续过负荷。连续过负荷（也称固有过负荷）是指直流电流高于其额定直流电流连续送电的能力，即在此电流值下运行无时间限制。连续过负荷主要在双极直流输电工程中，当一极故障长期停运或者当电网的负荷或电源出现超出计划水平时采用。在连续过负荷时，设备的应力（如换流变压器绕组与平波电抗器绕组热点温度、晶闸管结温等）也不允许超过其所规定的允许数值，此时主要是利用备用冷却设备以及环境温度的降低。额定直流电流是在最严重的环境条件（如最高环境温度）下，备用冷却设备不投入运行时，直流输电工程能够连续运行的电流值。当环境温度降低时、备用冷却设备投入运行以及考虑到设备的设计裕度等时，直流电流可以在高于其额定值的情况下连续运行。在最高环境温度下，投入备用冷却设备时的连续过负荷电流值约为额定直流电流的 1.05~1.1 倍。随着环境温度的降低，其连续过负荷电流还会有明显的提高，但由于受无功功率补偿、交流侧或直流侧的滤波要求以及甩负荷时的工频过电压等因素的限制，通常取连续过负荷额定值小于额定直流电流的 1.2 倍。

（2）短期过负荷。短期过负荷是指在一定时间内，直流电流高于其额定电流的能力。在大多数情况下，大部分设备故障和系统要求，只需要直流输电在一定的时间内提高输送能力，以供系统调度采取处理措施。通常选择 2h 为短期过负荷持续时间。换流变压器和油浸式平波电抗器对于短期过负荷不是限制的因素，主要是晶闸管换流阀及其冷却系统的设计需要考虑短期过负荷的要求。如无特殊要求，通常短期过负荷额定值取直流电流额定值的 1.1 倍。

（3）暂时过负荷。暂时过负荷是为了满足利用直流输电的快速控制来提高交流系统暂态稳定的要求，在数秒钟内直流电流高于其额定值的能力。当交流系统发生大扰动时，可能需要直流输电快速提高其输送容量，来满足交流系统稳定运行的要求，或者需要利用直流输电的功率调制功能，来阻尼交流系统的低频振荡。暂时过负荷的持续时间一般为 3~10s。当需要阻尼交流系统的低频振荡时，直流输电的过负荷是周期性的。暂时过负荷的大小、持续的时间以及周期的长短均需根据每个工程的具体情况，由系统研究的结果来决定。要求在数秒钟内提高输送能力，晶闸管是唯一的限制因素。对于常规的设计，晶闸管换流阀 5s 的过负荷能力可到额定电流的 1.3 倍，我国近期的直流工程所用的换流阀已达 1.5 倍。通过增加冷却系统的容量，其暂时过负荷能力还可以再提高。

直流输电工程的过负荷能力，取决于换流站的设备在不降低其预期寿命的条件下，可允许的比额定功率大的输送能力，这种能力与各种设备的设计条件及设计准则有关，其中环境温度是一个重要的因素。电力设备的额定值，通常是设计在最高环境温度下的，而最高环境温度只在有限的时间发生，在低于此温度时，就有一些可以提高输送容量的裕度。这个裕度对换流站的各种设备是不同的，通常由制造厂家，根据工程设计的要求，制定出能满足换流站各种设备的输送容量与环境温度的关系曲线，用直流电流与环境温度的关系来表示。

晶闸管散热器的热时间常数比较小，只有几秒钟到几分钟。当连续运行在额定电流和最高环境温度后发生过负荷时，晶闸管的结温将升高。晶闸管换流阀的冷却系统应设计成在所规定的各种过负荷条件下运行时，晶闸管的结温均不超过其安全运行的温度。换流阀的冷却系统通常设有备用冷却设备。换流阀应按在最高环境温度下，不投备用冷却设备时，能够满足直流额定电流的要求来进行设计。此外，换流阀的过负荷规范应规定出各种过负荷电流的大小和持续时间。对于阻尼低频振荡的周期性过负荷，还应给出低频振荡的频率。根据以上的数据，可以计算在过负荷情况下所产生的热量以及对冷却系统的要求。

油冷换流变压器绕组和平波电抗器线圈的热时间常数约为 15min，而其油回路的热时间常数在一到数小时的范围内，取决于设计。对于暂态过负荷，此类设备不是限制因素。对于 1h 以上的过负荷，则应作出规定，并且给出此类过负荷可能发生的预期频率，或者给出可允许的预期寿命的降低程度。

直流输电工程在过负荷运行时的谐波电流将增大，使滤波器的谐波负荷和损耗增加，同时也增加了谐波的干扰水平。在工程设计时应对过负荷条件下的干扰水平作出规定，或者给出在过负荷条件下可允许的干扰水平升高的程度。同样，在过负荷运行时，换流站消耗的无功功率将增加。如何满足过负荷运行时的无功需求，应作出规定。如果要求由交流系统来提供，则应考虑交流母线电压的变化以及由此所引起的其他问题。

第四节　直流输电降压运行

直流输电工程具有可以降低直流电压运行的性能。直流输电的电压可以通过改变换流器的触发角来进行控制，在运行中直流电压可以快速方便地在其最大值和最小值之间进行变化。直流输电工程降低直流电压运行的两种情况是：

（1）由于绝缘问题需要降低直流电压。在恶劣的气候条件或严重污秽的情况下，直流架空线路如果仍在额定直流电压下运行，则会产生较高的故障率，为了提高输电线路的可靠性和可用率，可以采用降压方式运行。降压方式是工程所规定的一种运行方式，如果工程需要降压运行方式，则在工程设计时，需要对降压方式的额定直流电压、额定直流电流以及此时的过负荷额定值等作出规定。本书只介绍这一情况。

（2）由于无功功率控制引起直流电压降低。当直流输电工程被利用来进行无功功率控制时，需要加大触发角来增加换流器消耗的无功功率，此时直流电压则相应地降低。在这种情况下，直流电压不是一个固定的值，它是随无功控制的要求而变化的，其变化范围由无功控制的范围来决定。由于在进行无功功率控制时，触发角 α 均大于额定的触发角 α_N，此时的直流电压也均低于额定直流电压。

降压方式的电压范围，降压幅度太小，则起不到降压后提高可用率的作用；降压幅度太大，则导致直流输电在大触发角下运行，由此将引起一系列的问题，同时也将使换流站的造价升高。根据多年的运行经验，通常降到额定直流电压的 70% ~80% 为宜，此时的触发角 α 约为 40°~50°。

换流器在大触发角下运行时，将引起交流侧和直流侧的谐波分量增加、谐波的干扰水平加大、滤波器和换流变压器的谐波负荷和损耗加大、换流器消耗的无功功率增加、换流阀承受的电压应力加大、其阻尼回路的损耗增加等一系列运行性能恶化的问题。因此，在降压运行时为保证谐波干扰水平、换流站的无功平衡以及换流站的损耗在所允许的范围内，经常也要求同时降低额定直流电流值。如果直流电压降到70%，直流电流也降到70%，则直流输送功率为额定直流功率的49%。如果在降压方式下能保持额定直流电流不降低，则直流输送功率按电压降低的比例来降低。在不增加换流站造价的前提下，降压方式应尽量争取较大的直流电流来保持较大的直流输送功率。当利用备用冷却设备时，直流电压降低到其额定值的75%，直流输电工程通常可以在其额定电流下连续运行。此时的谐波干扰水平会有所增加，但一般是可以接受的。通常直流电压降低到80%，可以不降低额定直流电流；而直流电压降低到70%时，则大部分工程需要降低额定直流电流。对于具体的直流输电工程，在降压方式的额定直流电压确定后，根据工程的具体情况（如设备设计裕度、工程降压运行预计时间、对输送功率的要求以及在降压运行时对直流输电稳态运行性能的要求等），对降压方式的额定直流电流进行优化选择，然后作出规定。

直流输电工程所采用的降压方法主要有以下几种：

（1）加大整流器的触发角 α 或逆变器的触发角 β（或关断角 γ）。从式（2-22）~式（2-24）可知，整流器和逆变器的直流电压与 α 和 β（或 γ）成余弦关系。当 α（或 β）为0时，直流电压最大；当为90°时，则直流电压最小。因此，可以由控制系统方便地加大 α（或 β）来达到降低直流电压的目的。这种方法的优点是快速、方便、容易实现，因此是工程中普遍采用的一种方法。通常 α 的额定值为15°左右，降压方式的 α 最好能在40°以下，当 α 超过40°以后，如果要求保持额定直流电流，则可能需要增加换流站的造价或者降低直流输电某些运行性能的要求。为了尽量使 α 加大得少一些，在工程中经常和换流变压器的抽头调节配合使用，当采用降压方式时，要求变压器抽头在其阀侧电压为最低的位置。

（2）利用换流变压器的抽头调节来降低换流器的交流侧电压，从而达到降低直流电压的目的。同样可从式（2-22）~式（2-24）可知，整流器和逆变器的直流电压与其交流侧的电压成正比。换流变压器抽头调节的范围有一定的限制，通常在20%左右。另外，抽头调节开关的操作需要一定的时间，它比改变触发角要慢。在正常运行时，为了使 α 角运行在最佳位置，换流变压器均具有带负荷调节抽头的功能，在降压运行时可利用此功能来达到换流器交流侧电压为最低的目的。

（3）当直流输电工程每极有两组基本换流单元串联连接时，可以利用闭锁一组换流单元的方法，使直流电压降低。在这种情况下，则不存在需要加大触发角和降低直流电流的要求，此时输送功率按电压降低的比例降低。由于每极两组基本换流单元的换流站造价比每极一组换流单元的要高。因此，这种降压方式只适用于由于其他原因需要设计成每极两组基本换流单元串联的直流输电工程。

（4）当直流输电工程由孤立的电厂供电或者整流站采用发电机—变压器—换流器的单元接线方式时，可以考虑利用发电机的励磁调节系统来降低换流器交流侧的电压，从而达到降低直流电压的目的。这种方法同样不存在大触发角运行和降低直流电流的要求。

大部分直流输电工程是采用上述方法（1）和方法（2）来实现降压运行方式，只有在特定的情况下，才能采用方法（3）或方法（4）。

第五节　直流输电功率反送

直流输电输送功率的方向均是可控的，可以正送，也可以反送。运行中改变直流输电功率的方向称为潮流反转。改变功率方向需要改变两端换流站的运行工况，将运行于整流状态的整流站变为逆变运行，而运行于逆变状态的逆变站变为整流运行。因此，对于具有潮流反转功能的直流输电工程，要求两端换流站的控制保护系统，既能满足整流运行的要求，又能满足逆变运行的要求，从而增加了换流站控制保护系统的复杂性。

由于换流阀的单向导电性，直流回路中的电流方向是不能改变的。因此直流输电的潮流反转不是通过改变电流方向，而是通过改变电压极性来实现的。例如，对于双极直流输电工程，假定正向送电时极 1 为正极性，极 2 为负极性，则在反向送电时，极 1 为负极性，极 2 为正极性。对于单极直流输电工程，如正向送电时为正极性，反向送电时则为负极性。在进行直流输电工程设计时，需要明确工程对潮流反转的要求。按工程对潮流反转的要求不同，可分为以下类型：

（1）不需要功率反送的直流输电工程（或称单向送电的直流工程）。如从孤立的电厂向电网或负荷点送电以及从电网向孤立的负荷点（无电源或只有很小的电源）送电等情况。此类工程只要求单方向送电，两端换流站一次设备的选择只需满足单方向送电的要求。整流站只需配备满足整流运行的控制保护系统，而逆变站则只需配备满足逆变运行的控制保护系统，比双向送电的控制保护系统要简单。两端换流站的额定值不同，逆变站的额定直流功率和额定直流电压均略小于整流站，其差值为直流线路在额定直流电流下的损耗和压降。只考虑单向送电的直流工程的造价，通常也略低于双向送电的直流工程。

（2）要求正、反两方向具有同样输送能力的直流输电工程，如电力系统联络线工程。此类工程要求正、反两个方向均能输送额定直流功率，两端换流站的额定值相同。换流站主要设备参数的选择，应能满足正、反两方向输送额定直流功率的要求。由于逆变运行时换流器消耗的无功功率略大于整流运行，为了满足反送时逆变器对无功补偿的要求，在正送时的整流站经常需要配置更多的无功补偿设备。如果反送时的受端为一弱交流系统，除了需要增加无功补偿容量以外，为了保持系统电压的动态稳定性和改善换相条件，有时还需要装设同步调相机或静止无功补偿装置。其次，为满足双向输送额定功率的要求，两端换流变压器的抽头调节范围需要加大。两端换流站应配备能满足双向送电要求的控制保护系统。此类工程换流站的造价略高于单向送电工程。

（3）要求工程具有正、反两方向送电的功能，正向输送额定直流功率，对反向输送能力无明确要求，即反向输送能力可以降低。在这种情况下，工程可按正向单向送电进行设计，在不增加工程造价的前提下，可充分利用其反向送电能力。此类工程通常是在按正向送电要求进行设计的基础上，对反向送电能力进行核算，给出工程所具有的反向送电能力，并以此作为其反向送电的额定值。一个按正向送电要求设计的直流输电工程的反向送电能力，主要受其正送时逆变站的主要设备参数和整流站无功补偿设备配置情况的限制。如果无功补偿设备的配置不是限制条件，不足的无功可由交流系统中提供，其反向输送能力可达到正向输送能力的90%左右。如果反向输送能力受到正送时整流站无功补偿配置情况的限制，则其反向输送能力可降到正向输送能力的50%~80%。

直流输电工程的潮流反转有以下两种类型：

（1）正常潮流反转。在正常运行时，当两端交流系统的电源或负荷发生变化时，要求直流输电进行潮流反转。这种类型的潮流反转通常由运行人员进行操作，也可以在设定的条件下自动进行。为了减小潮流反转对两端交流系统的冲击，一般反转速度较慢，可以在几秒钟或更长的时间内完成。必要时也可以在反转前将输送功率逐步降低到其最小值，反转后再逐步升高输送功率。

（2）紧急潮流反转。当送端交流系统发生某些特定的故障时，需要直流输电工程进行紧急功率支援时，则要求紧急潮流反转。此时，反转的速度越快则对系统的支援性能越好。直流输电的潮流反转是直流电压极性的反转。在直流电压一定的情况下，潮流反转需要的时间主要取决于直流线路电容的放电和充电时间。对于架空线路来说，通常在几个周期内即可完成（上百个毫秒）。对于直流电缆线路，为了防止当电压极性反转较快时对电缆绝缘产生的损伤，反转速度将受到限制。

最方便快速的潮流反转方式是自动调换两端换流站电流调节器的整定值。通常整流站电流调节器的整定值决定了直流输电工程的直流电流值，而逆变站电流调节器的整定值比整流站的小一个电流裕度值（电流裕度约为额定直流电流的 10%）。当两站电流调节器的整定值调换后，则整流站因整定值变小，感到实际运行的电流大，从而自动加大触发角 α，企图降低直流电流。而逆变站因整定值变大，感到实际运行的电流小，从而自动减小触发角 α，企图加大直流电流。在此过程中，直流电压通过线路电容放电而逐步降低，当整流站的 α 加大到 $\alpha > 90°$ 时，整流器则变为逆变器运行，而逆变站的 α 减小到 $\alpha < 90°$ 时，逆变器则变为整流器运行，同时也改变了直流电压的极性。此时由功率方向控制回路将两换流站的功率方向标志反转，使两站控制保护系统中的调节器和保护功能配置切换，从而使原来的整流站变成现在的逆变站，而原来的逆变站变成现在的整流站。现在的整流站因感到实际运行的直流电流小，仍继续减小 α，使直流电流升高，直到运行电流升到整定值为止。现在整流站已转为逆变运行，其电流调节器退出工作，并且转为定关断角（定 γ 角）调节运行（或定直流电压运行）。由于实测的 γ 大于其整定值（或实测的直流电压小于其整定值），控制系统则自动继续加大 α，直到 γ（或直流电压）等于其整定值为止。在此过程中，直流电压在直流线路电容上反向充电，逐步升高其反向电压。假定潮流反转前的直流电压为 $+U_d$，而反转后的直流电压为 $-U_d$，在反转过程中的放电电流和充电电流均为两端换流站电流调节器的电流裕度值 ΔI_M，直流线路的等值电容为 C，并忽略控制系统的响应时间，则

可用式（3-3）近似地估算潮流反转时间为

$$T = C \frac{2U_\mathrm{d}}{\Delta I_\mathrm{M}} \tag{3-3}$$

控制系统接到潮流反转的指令后，潮流反转方式还可以按以下预定的顺序由控制系统自动地进行：

（1）由整流站的电流调节器将直流电流按预先整定的速率降到其最小值（通常为额定直流电流的10%）。

（2）由逆变站的电压调节器将直流电压按预先整定的速率降到零。与此同时，为保持直流电流恒定，整流站的电流调节器将加大 α 角，使其直流电压也相应降低（略高于逆变站的直流电压）。

（3）由功率方向控制回路将两换流站的功率方向标志反转，使两换流站控制保护系统中的调节器和保护功能配置相应切换，此时原来的整流站则变为逆变站，而原来的逆变站则变为整流站。

（4）由现在的逆变站的电压调节器将直流电压按预先整定的速率反向上升到其整定值。

（5）由现在的整流站的电流调节器将直流电流按预先整定的速率上升到其整定值。至此，则完成了整个潮流反转的过程。潮流反转时间可由控制系统中预先整定的直流电压和直流电流变化的速率来控制。

第六节　直流输电稳态运行特性

直流输电工程的稳态运行特性主要包括运行中换流器的外特性、功率特性和谐波特性。谐波特性详见第五章。

一、换流器运行外特性

（一）运行中换流器的控制方式

换流器外特性也称伏安特性，它是指换流器的直流电压和直流电流的关系，即随着直流电流的变化，换流器直流电压的变化规律，它可用方程式或曲线来表示。在实际工程中，直流输电两端换流站均装设有功能完善的控制保护装置。在不同的控制保护方式下，整流器和逆变器的外特性将有很大变化。运行中换流器可能的控制方式主要有以下几种：

1. 定触发角控制

在运行中换流器的触发角恒定不变，即无自动控制功能。整流器为定 α 角控制，逆变器为定 β 角控制，其外特性见第二章介绍。

2. 定直流电流控制

在运行中由直流电流调节器自动改变触发角 α（或 β），来保持直流电流等于其电流整定值。整流侧和逆变侧通常均设有电流调节器。为了保证在运行中只有一侧的电流调节器工作，两侧的电流整定值不同。整流侧的整定值比逆变侧大一个电流裕度值 ΔI_M，通常 ΔI_M 取额定直流电流的 10%。

3. 定直流功率控制

在运行中通过功率调节器，改变电流调节器的整定值，自动调节触发角，改变直流电流，从而保持直流功率等于其功率整定值。直流功率控制通常装在整流侧。

4. 定 γ 角控制

由 γ 角调节器在运行中自动改变 β 角而保持 γ 角等于其整定值。γ 角调节器只在逆变侧装设。

5. 定直流电压控制

由直流电压调节器在运行中自动改变换流器的触发角 α 或 β，来保持直流电压等于其整定值。通常直流输电工程的直流电压由逆变侧的电压调节器来控制。

6. 无功功率控制（或交流电压控制）

由无功功率（或交流电压）调节器，通过自动改变直流电压调节器（或定 γ 角调节器）的整定值，来调节换流器的触发角（α 或 β），从而保持换流站和交流系统交换的无功功率（或换流站的交流母线电压）在一定的范围内变化。

（二）不同控制方式组合换流器的外特性

图3-1给出不同控制方式组合的外特性。图中直线1和2分别为整流器和逆变器的外特性线，其交点A为稳态运行点。

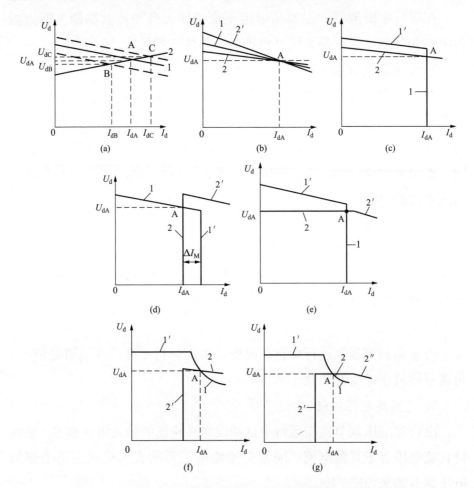

图3-1　不同控制方式组合的外特性

（a）方式组合（1）；（b）方式组合（2）；（c）方式组合（3）；（d）方式组合（4）；

（e）方式组合（5）；（f）方式组合（6）；（g）方式组合（7）

1. 方式组合（1）：整流器定 α 控制—逆变器定 β 控制

两端换流站均无自动控制功能。其外特性方程式可用式（3 - 4）和式（3 - 5）表示为

$$U_{d1} = 1.35 U_1 \cos\alpha - \frac{3}{\pi} X_{r1} I_d \qquad (3-4)$$

$$U_{d2} = 1.35 U_2 \cos\beta + \frac{3}{\pi} X_{r2} I_d \qquad (3-5)$$

式中　U_{d1}、U_{d2}——整流站和逆变站极对地直流电压；

$\quad U_1$、U_2——整流站和逆变站换流变压器阀侧空载线电压有效值；

$\quad X_{r1}$、X_{r2}——整流站和逆变站每相的换相电抗；

$\quad \alpha$、β——整流器和逆变器的触发角；

$\quad I_d$——直流电流平均值。

为了便于分析，假定运行中整流器和逆变器的直流电压相等。此时其外特性如图 3 - 1（a）所示。由于换流器外特性的斜率通常均很小，当两端交流系统的电压有很小的变化时，则会引起直流电流和直流输送功率大幅度的变化。图上给出了当整流侧交流电压 U_1 降低或升高时，直流输电的稳态运行点将相应变为 B 点和 C 点。当逆变侧交流电压变化时，也会得到类似的结果。因此，这种控制方式组合的控制特性不好，很少有工程采用。

2. 方式组合（2）：整流器定 α 控制—逆变器定 γ 控制

整流器无自动控制功能，逆变器由 γ 角调节器自动改变 β 角而保持 γ 角恒定。整流器的外特性方程见式（3 - 4），逆变器的外特性方程可表示为

$$U_{d2} = 1.35 U_2 \cos\gamma - \frac{3}{\pi} X_{r2} I_d \qquad (3-6)$$

式中　U_{d2}——逆变站极对地直流电压；

$\quad U_2$——逆变站换流变压器阀侧空载线电压有效值；

X_{t2}——逆变站每相的换相电抗；

γ——逆变器的关断角；

I_d——直流电流平均值。

其外特性见图 3 – 1（b）。这种控制方式组合的控制特性与方式组合（1）的相类似。

此外，当受端为弱交流系统时，逆变器外特性的斜率比整流器的大 [见图 3 – 1（b）上直线 2′]。在这种情况下，当直流电流稍有增加时，则会引起逆变器的直流电压比整流器的直流电压降得还多，从而使 I_d 恶性循环地增大，直流输电系统则无法稳定运行。这种控制方式组合也很少采用。

3. 方式组合（3）：整流器定直流电流控制—逆变器定 γ 角控制

在这种控制方式组合下，整流器由定电流控制保持直流电流恒定，逆变器由定 γ 角控制保持 γ 角恒定。其外特性曲线见图 3 – 1（c）。图 3 – 1（c）上还给出整流器的 α 最小控制特性 1′。这种控制方式组合，是利用整流器的定电流控制来防止电流的大幅度变化，同时利用逆变器的定 γ 角控制在逆变器安全运行的条件下保持直流电压最高，从而得到最好的运行经济性能。因此，这种控制方式组合既可避免上述两种方式组合的缺点，又能得到较好的运行性能，是直流输电工程经常采用的方式组合。

4. 方式组合（4）：整流器定 α 控制—逆变器定直流电流控制

在这种控制方式组合下，整流器无自动控制功能，逆变器由电流调节器自动改变 β 角来保持直流电流恒定。图 3 – 1（d）给出这种方式组合的外特性。图 3 – 1（d）中直线 1 为整流器的 α 最小控制特性，直线 2 为逆变器的定直流电流特性，其交点 A 为稳态运行点。图 3 – 1（d）中还给出了整流器的定直流电流特性 1′ 和逆变器的定 γ 最小控制特性 2′。从图 3 – 1（d）上可看出，整流器和逆变器的电流调节器整定值之差为 ΔI_M。也就是说，当直流输电系统在运行中自动从整流器定电流控制转为逆变器定电流控制时，直流电流将减小 ΔI_{M}，与此同时直流输送功率也相应降低。

5. 方式组合（5）：整流器定直流电流控制—逆变器定直流电压控制

在这种控制方式组合下，整流器由定电流调节器来控制直流电流，而逆变器由定电压调节器来控制直流电压。其外特性曲线见图 3－1（e），图 3－1（e）上还给出了整流器的 α 最小控制特性 1′以及逆变器的 γ 最小控制特性 2′。在这种控制方式组合下，由于其稳态运行点的 γ 角大于 $\gamma_{\min}$，其运行的安全性比方式组合（3）的要好，但经济性略差。

6. 方式组合（6）：整流器定直流功率控制—逆变器定 γ 角控制

在这种控制方式组合下，由整流器的定功率调节器，通过自动改变电流调节器的整定值，从而改变 α 角，来保持直流输送功率为功率整定值，逆变器则由定 γ 调节器来保持 γ 角恒定，通常此时的 γ 角取 $\gamma_{\min}$。由于直流功率等于直流电压和直流电流的乘积，当保持直流功率恒定时，则 $P_{\mathrm{d}} = U_{\mathrm{d}} I_{\mathrm{d}}$，为常数。此时整流器的外特性为一双曲线，见图 3－1（f）中的双曲线 1。逆变器的外特性是由式（3－6）所确定的直线，见图 3－1（f）中的直线 2。图 3－1（f）中还给出了整流器的最大直流电压控制特性 1′和逆变器的定直流电流特性 2′。

7. 方式组合（7）：整流器定直流功率控制—逆变器定直流电压控制

此时整流器的外特性为双曲线 1，逆变器的外特性为以直流电压为纵坐标与横轴平行的直线 2。其外特性曲线见图 3－1（g），图中还给出整流器的最大直流电压控制特性 1′、逆变器的定直流电流特性 2′和最小 γ 角控制特性 2″。

直流输电工程在运行中，通常是由整流器的控制方式来确定直流电流或直流输送功率，而由逆变器的控制方式来确定直流电压，只有当整流侧交流系统电压下降太多或逆变侧直流电压上升太多，而使整流器失去控制能力（α 角调到最小）时，才自动转为由逆变器的控制方式确定直流电流，此时的直流电压则由整流侧的交流电压来确定。

二、换流器功率特性

（一）换流器有功功率

换流器的有功功率为换流器的直流电压和直流电流的乘积，对于整流器和逆变器可分别用式（3-7）和式（3-8）来表示

$$P_{d1} = U_{d1} I_d \qquad (3-7)$$

$$P_{d2} = U_{d2} I_d \qquad (3-8)$$

$$I_d = \frac{U_{d1} - U_{d2}}{R_d} \qquad (3-9)$$

$$U_{d1} = \frac{1}{2} U_{d01} \left[\cos\alpha + \cos(\alpha + \mu_1) \right] = U_{d01}\cos\alpha - \frac{3}{\pi} X_{r1} I_d \quad (3-10)$$

$$U_{d2} = \frac{1}{2} U_{d02} \left[\cos\gamma + \cos(\gamma + \mu_2) \right] = U_{d02}\cos\gamma - \frac{3}{\pi} X_{r2} I_d \quad (3-11)$$

由上述公式可知，在运行中可以通过改变 α 或 γ 以及 U_{d1} 或 U_{d2} 来改变 I_d 和 U_d，从而可得到不同的 P_d。对于一个给定的交流和直流系统，当 U_{d1} 和 U_{d2} 为最大值，α 和 γ 为最小值，I_d 为最大值，X_{r1} 和 X_{r2} 给定时，可得到换流器的最大有功功率。以下分析在给定的系统条件下整流器和逆变器的有功功率与直流电流的关系。对于给定的系统条件，U_{d1}、U_{d2}、X_{r1}、X_{r2} 和 γ 均为常数，P_{d1} 和 P_{d2} 可表示为

$$P_{d1} = \left(U_{d01}\cos\alpha - \frac{3}{\pi} X_{r1} I_d \right) I_d = K_1 I_d - K_2 I_d^2 \qquad (3-12)$$

$$P_{d2} = \left(U_{d02}\cos\gamma - \frac{3}{\pi} X_{r2} I_d \right) I_d = K_3 I_d - K_4 I_d^2 \qquad (3-13)$$

其中：$K_1 = U_{d01}\cos\alpha$；$K_2 = 3X_{r1}/\pi$；$K_3 = U_{d02}\cos\gamma$；$K_4 = 3X_{r2}/\pi$。

图 3-2 给出整流器的有功功率与直流电流的关系曲线，对于逆变器也可以得到类似的结果。从图 3-2 可知，对于给定的系统条件，随着 I_d 的增加，P_d 增加的速度将减慢，当 $I_d = I_{dpM}$ 时，P_d 到最大值，I_d 再继续增加，则 P_d 将减小。对式（3-12）和式（3-13）分别取导数，

可得

$$\frac{\mathrm{d}P_{\mathrm{d1}}}{\mathrm{d}I_{\mathrm{d}}} = K_1 - 2K_2 I_{\mathrm{d}} \quad (3-14)$$

$$\frac{\mathrm{d}P_{\mathrm{d2}}}{\mathrm{d}I_{\mathrm{d}}} = K_3 - 2K_4 I_{\mathrm{d}} \quad (3-15)$$

当 $\dfrac{\mathrm{d}P_{\mathrm{d1}}}{\mathrm{d}I_{\mathrm{d}}} = 0$ 和 $\dfrac{\mathrm{d}P_{\mathrm{d2}}}{\mathrm{d}I_{\mathrm{d}}} = 0$ 时，可分别求得整流器和逆变器在给定的系统条件下，达到最大有功功率时的直流电流值 I_{dPM1} 和 I_{dPM2} 为

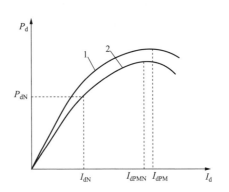

图 3-2 整流器 P_{d} 与 L_{d} 关系曲线图

$1{-}\alpha = \alpha_{\min}$; $2{-}\alpha = \alpha_{\mathrm{N}}$

$$I_{\mathrm{dPM1}} = \frac{K_1}{2K_2} = \frac{U_{\mathrm{d01}}\cos\alpha}{\frac{6}{\pi}X_{\mathrm{r1}}} \quad (3-16)$$

$$I_{\mathrm{dPM2}} = \frac{K_3}{2K_4} = \frac{U_{\mathrm{d02}}\cos\gamma}{\frac{6}{\pi}X_{\mathrm{r2}}} \quad (3-17)$$

从式（3-16）和式（3-17）可知，随着 α 或 γ 和 X_{r1} 或 X_{r2} 的加大，以及 U_{d1} 或 U_{d2} 的减小，I_{dPM1} 和 I_{dPM2} 将相应地减小，即换流器达到最大有功功率的直流电流值将减小。图 3-2 中曲线 1 为 $\alpha = \alpha_{\min}$ 时，换流器的最大有功功率与直流电流的关系。在曲线 1 以下的范围内可得到对于不同 α 的一族曲线。曲线 2 为额定触发角 α_{N} 的情况，当换流器与弱交流系统相连时，X_{r1} 和 X_{r2} 均较大，从而使 I_{dPM1} 和 I_{dPM2} 减小。通常换流器的额定容量 P_{dN} 和额定电流 I_{dN} 均比其最大值要小许多。只有在故障情况下，当 I_{d} 大幅度增加时，换流器才有可能瞬时接近其最大有功功率。

（二）换流器无功功率

1. 整流器功率因数

由于触发角 α 和换相角 μ_1 的存在，使得整流器交流侧的电流总是滞后其电压，即整流器在运行中需要消耗无功功率。当换流站交流母线上装有性能完好的滤波器时，可以认为谐波电流均被滤波器所吸收，

而流入交流系统的电流为基波电流。此时，整流器的功率因数，可以近似地认为是基波电流和基波电压的相位差 φ_1 角所决定的 $\cos\varphi_1$。在忽略整流器损耗的情况下，整流器交流侧的基波有功功率即等于其直流功率，可表示为

$$P_1 = P_{d1} = U_{d1}I_d = \sqrt{3}\,U_1 I_1 \cos\varphi_1 \tag{3-18}$$

$$\cos\varphi_1 = \frac{U_{d1}I_d}{\sqrt{3}\,U_1 I_1} \tag{3-19}$$

已知　$U_{d1} = \frac{1}{2}U_{d01}\left[\cos\alpha + \cos(\alpha+\mu_1)\right] = \frac{3\sqrt{2}}{2\pi}U_1\left[\cos\alpha + \cos(\alpha+\mu_1)\right]$

$$\tag{3-20}$$

$$I_d \approx \frac{\pi}{\sqrt{6}} I_1 \tag{3-21}$$

将 U_{d1} 和 I_d 代入式（3-19），可得

$$\cos\varphi_1 \approx \frac{1}{2}\left[\cos\alpha + \cos(\alpha+\mu_1)\right] \tag{3-22}$$

如果只将 I_d 代入式（3-19），则可得

$$\cos\varphi_1 \approx \frac{U_{d1}}{U_{d01}} \tag{3-23}$$

将式（3-10）代入式（3-23），则可得 $\cos\varphi_1$ 的另一种表达式

$$\cos\varphi_1 \approx \frac{U_{d1}}{U_{d01}} = \frac{U_{d01}\cos\alpha - 3X_{r1}I_d/\pi}{U_{d01}} = \cos\alpha - \frac{X_{r1}I_d}{\sqrt{2}\,U_1} \tag{3-24}$$

图 3-3 给出了整流器 A 相电压和电流的相位关系波形图，其中 U-U 和 I-I 轴线分别为相电压 u_A 和相电流 i_A 正半波的中线，它们之间的相角差即为基波功率因数角 φ_1。阀导通区的基频角度为 $120° + \mu_1$。将 i_A 正半周波近似地看作为梯形，则中线 I-I 与开通时刻 t_1 和关断时刻 t_2 的相位差均为 $60° + \mu_1/2$，因而可近似地认为基波功率因数角为

$$\varphi_1 \approx \alpha + \frac{\mu_1}{2} \tag{3-25}$$

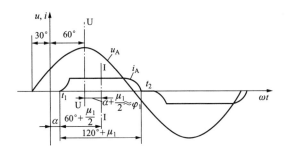

图 3 - 3 整流器基波功率因数角示意图

2. 逆变器功率因数

逆变器功率因数的分析方法与整流器相同，但其表达公式不同。对逆变器来说

$$P_2 = P_{d2} = U_{d2}I_d = \sqrt{3}\,U_2 I_2 \cos\varphi_2 \qquad (3-26)$$

$$\cos\varphi_2 = \frac{U_{d2}I_d}{\sqrt{3}\,U_2 I_2} \qquad (3-27)$$

已知

$$U_{d2} = \frac{1}{2}U_{d02}\big[\cos\gamma + \cos(\gamma + \mu_2)\big]$$

$$= \frac{3}{2}\frac{\sqrt{2}}{\pi}U_2\big[\cos\gamma + \cos(\gamma + \mu_2)\big] \qquad (3-28)$$

$$I_d \approx \frac{\pi}{\sqrt{6}}I_2 \qquad (3-29)$$

将 U_{d2} 和 I_d 代入式（3-27），可得

$$\cos\varphi_2 \approx \frac{1}{2}\big[\cos\gamma + \cos(\gamma + \mu_2)\big] \qquad (3-30)$$

同样可得

$$\cos\varphi_2 \approx \frac{U_{d2}}{U_{d02}} \qquad (3-31)$$

将式（3-11）代入式（3-31），则可得 $\cos\varphi_2$ 的另一种表达式为

$$\cos\varphi_2 \approx \cos\gamma - \frac{X_{r2}I_d}{\sqrt{2}\,U_2} \qquad (3-32)$$

图 3-4 给出了逆变器 A 相电压和电流的相位关系波形图，其中 U – U 和 I – I 轴线分别为相电压 u_A 和相电流 i_A 正半波的中线，它们之间的相角差可近似地用 φ_2' 表示。从图 3-4 可知

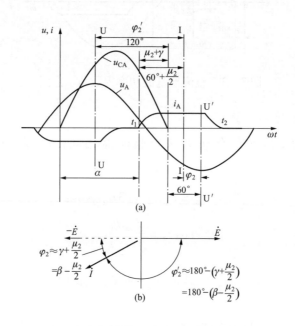

图 3-4　逆变器基波功率因数角示意图

（a）波形图；（b）电压和电流相量图

$$\varphi_2' \approx 120° - (\mu_2 + \gamma) + \left(60° + \frac{\mu_2}{2}\right) = 180° - \left(\gamma + \frac{\mu_2}{2}\right) \quad (3-33)$$

代入 $\gamma = \beta - \mu_2$，可得

$$\varphi_2' = 180° - \left(\beta - \frac{\mu_2}{2}\right) \quad (3-34)$$

因此，在以相电压 u_A 相量为基准的旋转坐标上，电流相量将位于第三象限。这表明交流系统向逆变器送负的有功功率和滞后的无功功率，也就是说逆变器向受端交流系统送正的有功功率和超前的无功功率。超前的功率因数角即为电流相量超前于负的相电压相量之间的相

位角 φ_2 为

$$\varphi_2 = 180° - \varphi_2' = \gamma + \frac{\mu_2}{2} = \beta - \frac{\mu_2}{2} \qquad (3-35)$$

3. 换流器无功功率

从以上分析可知，不管换流器运行在整流工况或是逆变工况，它均需要从交流系统吸收无功功率。整流器和逆变器消耗的无功功率可表示为

$$Q_{C1} = P_{d1} \tan\varphi_1 \qquad (3-36)$$

$$Q_{C2} = P_{d2} \tan\varphi_2 \qquad (3-37)$$

式中　φ_1、φ_2——整流器和逆变器的功率因数角。

$$\tan\varphi_1 = \frac{\sin\varphi_1}{\cos\varphi_1} = \frac{\sqrt{1 - \cos^2\varphi_1}}{\cos\varphi_1} \approx \frac{\sqrt{1 - \left(\dfrac{U_{d1}}{U_{d01}}\right)^2}}{\dfrac{U_{d1}}{U_{d01}}} = \sqrt{\left(\dfrac{U_{d01}}{U_{d1}}\right)^2 - 1}$$

$$(3-38)$$

同理　　　　　　$$\tan\varphi_2 \approx \sqrt{\left(\dfrac{U_{d02}}{U_{d2}}\right)^2 - 1} \qquad (3-39)$$

因此，换流器消耗的无功为

$$Q_{C1} \approx P_{d1} \sqrt{\left(\dfrac{U_{d01}}{U_{d1}}\right)^2 - 1} \qquad (3-40)$$

$$Q_{C2} \approx P_{d2} \sqrt{\left(\dfrac{U_{d02}}{U_{d2}}\right)^2 - 1} \qquad (3-41)$$

换流器的功率特性通常是指换流器在运行中消耗的无功功率与其有功功率之间的关系。从上述公式可知，换流器消耗的无功功率与其有功功率成正比，比例系数为 $\tan\varphi$。在给定的系统条件下，换流器的功率特性与其控制方式有关。图 3-5 给出了当换流器交流侧电压恒定时，在不同的控制方式下，换流器功率特性示意图。

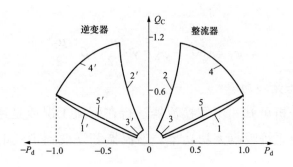

图 3 – 5 换流器功率特性示意图

1 和 2—整流器的 α_{min} 和 α_{max} 特性；3 和 4—整流器的 I_{dmin} 和 I_{dmax} 特性；

1′和 2′—逆变器的 γ_{min} 和 γ_{max} 特性；3′和 4′—逆变器的 I_{dmin} 和 I_{dmax} 特性；

5 和 5′—整流器和逆变器的定直流电压特性

由图 3 – 5 可以看出：在定电流控制方式下，其功率特性是以圆心为原点的一段圆弧，其半径与直流电流成正比，如曲线 3 和 4 及 3′和 4′所示，其中 3 和 3′分别对应整流器和逆变器的 I_{dmin}；4 和 4′分别对应整流器和逆变器的 I_{dmax}。对于定直流电压控制方式，由于 U_d 为常数，U_{d0} 为常数，从而使 $\tan\varphi$ = 常数。因此，其功率特性为通过原点的直线，其斜率为 $\tan\varphi$。直线 5 和 5′分别为整流器和逆变器在恒定额定直流电压下的功率特性。当直流电压降低时，φ 角将加大，直线的斜率则随之加大。对于整流器定 α 控制方式和逆变器定 γ 控制方式，其功率特性如图 3 – 5 中 1 和 2 以及 1′和 2′所示，其中 1 和 2 对应于整流器的 α_{min} 和 α_{max}，1′和 2′对应于逆变器的 γ_{min} 和 γ_{max}。

对于一个给定的直流输电工程，换流器在运行中将受到工程设计时所规定的 I_{dmin}、I_{dmax}、α_{min}、α_{max}、γ_{min} 和 γ_{max} 的限制。因此，其功率特性只能在一定的范围内变化。图 3 – 5 中由 1、3、2 和 4 曲线所包围的区域内为整流器功率特性的变化范围。由 1′、3′、2′和 4′所包围的区域内为逆变器功率特性的变化范围。通常 I_{dmin} 取额定直流电流的 10%，I_{dmax} 则由换流站的过负荷能力所决定，α_{min} 一般取 5°，α_{max} 则由工程对无功功率调节的要求在设计时确定，如无特殊要求，通常 α_{max} 均小于 $60°$。对于背靠背直流输电工程，当需要利用直流输电进行大幅度的无功功率调节时，α_{max} 可增大到接近 $90°$。这将使换流站主要设备的运行条件变坏，因此它将增加设备的投资，使换流站投资增加。γ_{min} 通常取 $15° \sim 18°$，γ_{max} 与 α_{max} 相类似。

第七节　直流输电工程运行方式

直流输电的运行方式是指在运行中可供运行人员进行选择的稳态运行方式，包括直流侧接线方式、直流功率输送方向、直流电压方式以及直流输电系统的控制方式等。直流输电的接线方式有单极和双极接线方式；直流电压方式有全压运行方式和降压运行方式；功率输送方向有正送方式和反送方式等。对于双极直流输电方式，除正常运行时的双极对称运行方式以外，还可能有双极不对称运行方式。直流输电系统在稳态运行中的控制方式主要是指对直流输送的有功功率以及换流站与交流系统交换的无功功率的控制，其控制方式主要有定功率控制、定电流控制、无功功率控制或交流电压控制等。

直流输电工程的运行方式是灵活多样的，运行人员可利用这一特点，根据工程的具体情况以及两端交流系统的需要，在运行中对运行方式进行选择，使工程在系统运行中发挥更大的作用。

一、运行接线方式

1. 单极直流输电系统

单极直流输电系统的接线方式有单极大地回线方式和单极金属回线方式两种。单极大地回线方式只有一根极导线，利用大地作为返回线，构成直流侧的闭环回路。两端换流站需要有可长期连续流过额定直流电流的接地极系统。单极金属回线方式，除有一根极导线以外，还有一根低绝缘的金属返回线，运行时地中无直流电流流过。金属返回线的一端接地以固定直流侧的电位。因此，单极直流输电工程，按一种直流侧接线方式设计和建设以后，在运行中则没有采用另一种接线方式运行的可能性，任一设备故障都将引起直流停运。对于单极大地回线方式的海底电缆直流工程，为了提高运行的可靠性，有时配备有两根极电缆，其中一根为备用电缆。对于此类直流工程，当一根电缆故障时，可更换备用电缆进行正常送电。当接地极系统故障时，可利用备用电缆作为金属返回线，构成单极金属回线方式运行，接地极系统可退出工作进行检修。

2. 双极直流输电系统

双极两端中性点接地直流输电工程的直流侧接线是由两个可独立运行的单极大地回线方式所组成，两极在地回路中的电流方向相反。这种接线方式运行灵活方便，可靠性高。正常运行时，两极的电流相等，地回路中的电流为零。当一极故障停运时，非故障极的电流则自动从大地返回，自动转为单极大地回线方式运行，可至少输送单极的额定功率，必要时可按单极的过负荷能力输送。为了降低单极故障停运对两端交流系统的冲击和影响，通常当单极停运时，非故障极则自动将其输送功率升至其最大允许值，然后可根据具体情况逐步降低。由于双极两端中性点接地方式的接地极是根据所需要的单极大地回线方式运行时间的长短和运行电流的大小来进行设计的，因此，运行人员在选择单极大地回线方式时，必须将运行时间和输送功率限制在接地极设计所允许的范围内，否则将会缩短接地极的寿命。

对于双极两端中性点接地的直流输电系统，当一极停运后，可供选择的单极接线方式有三种，即单极大地回线方式、单极金属回线方式和单极双导线并联大地回线方式。以上三种接线方式的运行性能和对设备的要求各有不同。

（1）单极大地回线方式。运行电流的大小和运行时间的长短受单极过负荷能力和接地极设计条件的限制。这种运行方式，由于其直流回路电阻增加了两端接地极引线和接地极电阻，线路损耗比双极方式一个极的损耗略大。

（2）单极金属回线方式。其运行电流只受单极过负荷能力的限制，运行中的线路损耗约为双极运行时一个极损耗的两倍。当接地极系统故障需要检修或进行计划检修时，可选择这种接线方式，因其线路损耗和运行费用最大，一般应尽量避免采取这种方式长期运行。

（3）单极双导线并联大地回线方式。这种接线方式只有当两端换流站只有一个极设备故障，而其余的直流输电系统设备均完好时，才有选择的可能性。其运行电流的大小和运行时间的长短受单极过负荷能力和接地极设计条件的限制。其线路损耗约为双极运行时一个极损耗的1/2。这种接线方式是此类工程单极运行时最经济的接线方式。

为了减少双极两端中性点接地直流输电工程的双极停运次数，提高双极运行的可用率，当一端接地极系统故障时，可通过快速接地开关将故障端的中性点接到换流站的接地网上，然后断开故障的接地极，以便进行检查和检修，从而可避免在这种情况下的双极停运。由于换流站的接地网不允许通过大电流，因此，这种特殊的接线方式，只允许在双极完全对称的运行方式下采用。当两极的直流电流相差较大时，地回路中的电流增大，这将引起换流站接地网的电位升高，给换流站的安全运行造成威胁。因此，如果工程允许考虑采取这种特殊的接线方式运行，必须配备可靠的保护措施，当出现双极电流不对称时，保护系统则自动停运整个双极直流输电工程。

双极两端中性点接地的直流输电工程，当一极故障停运而转为单极运行时，有时需要进行单极大地回线和金属回线方式的相互转换。为了减少直流输电工程停运对两端交流系统的影响，提高运行的可靠性和可用率，这种接线方式的相互转换，可通过大地回线转换开关（GRTS）和金属回线转换断路器（MRTB），在直流输电不停运的状况下带负荷进行。

MRTB 是当需要从大地回线方式转为金属回线方式时，用来断开大地回线中直流电流的直流断路器。GRTS 是当需要从金属回线方式转为大地回线方式时，用来断开金属回线中直流电流的直流断路器。通常 MRTB 和 GRTS 只在一端换流站中配备，并且两个极采用一个公用的 GRTS。

二、全压运行与降压运行方式

直流输电系统的直流电压，在运行中可以根据系统要求选择全压运行方式（即额定直流电压方式）或降压运行方式。降压方式的特性、使用及实施方法等见第三章第四节。由于直流输送功率是直流电压和直流电流的乘积，在输送同样功率时，降低直流电压则使直流电流按比例相应地增加，这将使输电系统的损耗和运行费用升高。

如果工程设计时降压方式的额定电流与全压方式相同，则在降压方式下直流输电系统的最大输送功率将降低。降压方式的额定功率降低的幅度与直流电压降低的幅度相同。如果降压方式要求相应地降低直流额定电流，则直流输送功率将会降低得更多。例如，降压方式的直流电压选择为额定直流电压的 70%，而额定直流电流不变，则降压方式的额定输送功率为全压方式的 70%。如果在直流电压降低到 70% 的情况下，还要求直流电流也相应地降低到其额定值的 70%，则此时的直流输送功率仅为全压方式的 49%，即输送功率将降低一半多。

降压方式下换流器的触发角 α 需加大，这将使换流站的主要设备（如换流阀、换流变压器、平波电抗器、交流和直流滤波器等）的运行条件变坏。如果长时间在降压方式下大电流运行，换流站主要设备的寿命将会受到影响。因此在工程设计时，应对降压方式的额定值（如额定直流电压、额定直流电流、过负荷额定值等）作出规定。在降压运行时，会引起换流器冷却系统的温度升高；换流站消耗的无功功率增大，引起换流站交流母线电压降低；换流器交流侧和直流侧的谐波分量增加；换流变压器和平波电抗器发热增加等，因此，在降压运行时，应对设备的运行状态加强监视。

如果工程只需要在短时间内（1~2h）降压运行，可利用工程的短时过负荷能力，直流电流最大可按降压时短时过负荷电流运行，此时的输送功率则少有增加。

因此，为了使直流输电工程在最经济的状态下运行，应尽可能采用全压运行方式。而在恶劣气候条件下，绝缘子类设备耐受电压下降时，采用降压运行方式，可避免或减少外绝缘发生闪络。

三、功率正送与功率反送方式

当直流输电系统具有双向送电功能时，它可以正向送电，也可以反向送电。

直流输电工程在启动以前需要确定其功率方向是正送还是反送，并将功率传输方向置入控制系统，然后才能进行工程的启动。工程启动后，则会按所规定的送电方向送电。在运行中如果需要进行潮流反转，通常由运行人员手动操作潮流反转按钮，控制系统则按所规定的程序进行正常潮流反转。如果直流输电工程的正送和反送的电力、电量和时间均按合同或协议所规定的要求来进行，则可将工程每天的负荷曲线置入控制系统，控制系统则每天按所规定的时间和对输送功率的要求自动地进行正常潮流反转。如果工程具有紧急潮流反转的功能，当控制系统根据所测得的交流系统的信息，判断需要进行紧急潮流反转时，控制系统则自动进行紧急潮流反转。运行人员只需对反转过程进行监视，观察潮流反转后系统的运行情况并进行必要的操作和处理。

四、双极对称与不对称运行方式

双极对称运行方式是指双极直流输电系统在运行中两个极的直流电压和直流电流均相等的运行方式，此时两极的输送功率也相等。双极直流输电工程在运行中两个极的直流电压或直流电流不相等时，均为双极不对称运行方式。双极不对称运行方式有双极电压不对称方式、双极电流不对称方式、双极电压和电流均不对称方式。

1. 双极对称运行方式

双极对称运行方式有双极全压对称运行方式和双极降压对称运行方式，前者双极的电压均为额定直流电压，而后者双极均降压运行。双极对称运行方式两极的直流电流相等，接地极中的电流最小（通常均小于额定直流电流的1%），长期在此条件下运行，可延长接地极的寿命。由于全压运行比降压运行的运行性能更好，因此，双极直流输电工程，在正常情况下均选择双极全压对称运行方式。这种运行方式可充分利用工程的设计能力，直流输电系统设备的运行条件好，系统损耗小，运行费用小，运行可靠性高。

2. 双极不对称运行方式

双极不对称运行方式有双极电压不对称方式、双极电流不对称方式、双极电压和电流均不对称方式。

双极电压不对称方式是指一极全压运行另一极降压运行的方式，如降压的直流电压选择为额定电压的70%，对于±500kV的直流输电工程，一极运行在500kV，而另一极则为350kV。在电压不对称的运行方式下，最好能保持两极的直流电流相等，这样可使接地极中的电流最小。由于两极的电压不等，其输送功率也不相等。如果直流输电工程在一极降压运行之前，其直流电流低于额定直流电流，则由一极降压引起的输送功率的降低，可用加大直流电流的办法来进行补偿，但最多只能加到直流电流的最大值。

如果降压方式还要求降低直流电流，当一极降压时其直流电流也需相应降低。此时，可供选择的运行方式有以下两种：

（1）为保证直流输电工程在这种条件下具有最大的输送能力，则两极分别按其额定输送能力运行。全压运行的极可在其额定电压和额定电流下输送额定功率。降压运行的极在电压降到 70% 时，如果要求电流也降到 70%，其输送功率则降到全压运行时的 49%。由于一极电流只有另一极的 70%，接地极中的电流为额定电流的 30%，这将缩短接地极的使用寿命。

（2）为保证接地极中的电流最小，当一极降压运行需要同时降低直流电流时，将两极的电流同时降低，这将使双极直流输电系统的输送能力进一步降低。由于两极的电流相等，接地极中的电流最小，此方式实际上为双极电压不对称运行方式。

双极直流输电工程在运行中如某一极的冷却系统有问题，需要降低直流电流运行时，可考虑选择双极电流不对称运行方式。电流降低的幅度视冷却系统的具体情况而定。此时接地极中的电流为两极电流之差，电流降低的幅度越大，则接地极中的电流也越大，因此电流降低的幅度以及运行时间的长短，还需要考虑接地极的设计条件。如果在此条件下，系统不要求输送最大功率，也可以在一极要求降低直流电流时，另一极也同时降低电流，以保证接地极中的电流最小，以延长接地极的寿命。

表 3-1 给出了双极直流输电系统在各种主要运行方式下的输送能力。由于电压降低系数 K_U 和电流降低系数 K_I 均小于 1，从表 3-1 可知，双极全压对称方式的输送能力最大，单极降压方式同时降低直流电流的输送能力最小。

表 3-1　　双极直流输电系统各主要运行方式的输电能力

序号		运行方式	直流电压	直流电流	直流功率
1	双极运行	双极全压对称方式	$\pm U_d$	I_d	$2P_d$
2		双极降压对称方式（不降低直流电流）	$\pm K_U U_d$	I_d	$2K_U P_d$
3		双极降压对称方式（同时降低直流电流）	$\pm K_U U_d$	$K_I I_d$	$2K_U K_I P_d$

序号	运行方式		直流电压	直流电流	直流功率
4	双极运行	双极电压不对称方式（不降低直流电流）	U_d、$K_U U_d$	I_d	$(1 + K_U) P_d$
5		双极电压不对称方式（同时降低直流电流）	U_d、$K_U U_d$	$K_I I_d$	$K_I (1 + K_U) P_d$
6		双极电压和电流均不对称方式	U_d、$K_U U_d$	I_d、$K_I I_d$	$(1 + K_U K_I) P_d$
7		双极全压电流不对称方式	$\pm U_d$	I_d、$K_I I_d$	$(1 + K_I) P_d$
8		双极降压电流不对称方式	$\pm K_U U_d$	I_d、$K_I I_d$	$K_U (1 + K_I) P_d$
1	单极运行	单极全压方式	U_d	I_d	P_d
2		单极降压方式（不降低直流电流）	$K_U U_d$	I_d	$K_U P_d$
3		单极降压方式（同时降低直流电流）	$K_U U_d$	$K_I I_d$	$K_U K_I P_d$

注 U_d、I_d、P_d 分别为每极的额定直流电压、额定直流电流和额定直流功率；K_U 和 K_I 分别为电压和电流降低系数。

第八节 直流输电系统损耗

直流输电工程的损耗包括两端换流站损耗、直流输电线路损耗和接地极系统损耗三部分。接地极系统损耗很小，有时可以忽略不计。直流输电线路损耗，取决于输电线路的长度以及线路导线截面的选择，对远距离输电线路通常约占额定输送容量的 5%~7%，是直流输电系统损耗的主要部分。两端换流站的设备类型繁多，它们的损耗机制又各不相同，因此如何较准确地确定换流站的损耗是直流输电系统损耗计算的难点。目前所采用的方法是通过分别测试和计算换流站内各主要设备的损耗，然后把这些损耗相加而得到换流站的总损耗。通常换流站的损耗约为换流站额定功率的 0.5% ~1% 。

一、换流站损耗

（一）换流站损耗特点

直流输电换流站的主要设备有换流阀、换流变压器、平波电抗器、交流和直流滤波器、无功功率补偿设备等。这些设备的损耗机制各不相同，如换流阀的损耗就不是与负荷电流的平方成正比，同时当换流站处于热备用状态时，换流阀是闭锁的，其损耗机制与其在正常运行时也不相同。其次，换流器在运行中，交流侧和直流侧均产生一系列的特征谐波，谐波电流通过换流变压器、平波电抗器和交直流滤波器均将产生附加的损耗。另外，在不同的负荷水平下，换流站投入运行的设备也不完全相同，因而损耗也不相同。因此，换流站的损耗计算比较复杂。通常需要在空载和满载之间选择几个负荷点对换流站的损耗进行计算，同时把换流站的损耗分为热备用损耗（也称空载损耗或固定损耗）和运行总损耗（包括热备用损耗和负荷损耗，后者也称可变损耗）来进行分析。

换流站的热备用状态是指换流变压器已经带电，但换流阀处于闭锁状态，一旦换流阀解锁，即可进入直流输电的状态。在此状态下，不需要投入交流滤波器和无功功率补偿设备，平波电抗器和直流滤波器也没有带电。但是站用电和冷却设备则需要投入，以便使直流系统在必要时可立即投入运行。换流站在热备用状态下的损耗即称为热备用损耗，它相当于交流变电站的空载损耗。

换流站的运行总损耗是指换流站在传输功率下的损耗，它包括空载损耗和负荷损耗两部分。每个直流输电工程的直流电流都有一个最小值和最大值。换流站的运行总损耗通常在最小直流电流和最大直流电流之间选择几个负荷点来计算。在不同的负荷水平下，换流站投入运行的设备可能不同。例如，在轻负荷时投入的交流滤波器组数较少，而到大负荷时投入的组数则需要增多。对于不同的负荷水平，在计算运行总损耗时，只需考虑在该负荷水平下投入运行的设备。运行总损耗减去热备用损耗即为负荷损耗。

换流站各设备的损耗不同，表3-2给出直流输电换流站设备损耗的分布情况。从表3-2可知，换流变压器和晶闸管换流阀的损耗在换流站总损耗中占绝大部分（约71%~88%）。因此，要降低换流站的总损耗，降低换流变压器和晶闸管换流阀的损耗是关键。

表3-2　　　　　　　　直流输电换流站损耗的分布情况

序号	设　　备	各设备损耗占换流站总损耗的百分数（%）
1	换流变压器（其中：空载损耗/负载损耗）	39~54（12~14/27~39）
2	晶闸管换流阀	32~35
3	平波电抗器	4~6
4	交流滤波器	7~11
5	其他	4~9

（二）换流站主要设备损耗

1. 晶闸管换流阀损耗

晶闸管阀的损耗由以下8个分量组成：

（1）阀通态损耗 W_1。它是负荷电流通过晶闸管所产生的损耗，与晶闸管的通态压降和通态电阻有关。

（2）晶闸管开通时的电流扩散损耗 W_2。它是晶闸管开通时电流在硅片上扩散期间所产生的附加通态损耗。W_2 通常小于晶闸管通态损耗的10%。

（3）阀的其他通态损耗 W_3。它是指阀主回路中，除晶闸管以外的其他元件所造成的通态损耗。

（4）与直流电压相关的损耗 W_4。是指阀在不导通期间，加在阀两端的电压在阀的并联阻抗的所有电阻上产生的损耗。它包括直流均压电阻、晶闸管断态电阻及反向漏电阻、冷却介质的电阻、阀结构的阻性效应、其他均压网络及光导纤维等产生的损耗。

（5）阻尼电阻损耗 W_5。是指阀在关断期间，加在阀两端的交流电压经阻尼电容耦合到阻尼电阻上所产生的损耗。

（6）电容器充、放电损耗 W_6。是指在阀关断期间加在阀上的电压波形阶跃变化时，电容器储能发生变化而产生的损耗。

（7）阀关断损耗 W_7。是指阀在关断过程中，流过晶闸管的反向电流在晶闸管和阻尼电阻上产生的损耗，此反向电流是由晶闸管中存储电荷而引起的。

（8）阀电抗器磁滞损耗 W_8。在计算电抗器铁芯的磁滞损耗时需要确定铁芯材料的直流磁化曲线，根据其磁化曲线所包围的区域，可求出其磁滞损耗。

阀的总损耗 W_T 是上述 8 项损耗之和。

2. 换流变压器损耗

换流变压器的损耗包括空载损耗和负荷损耗。由于通过换流变压器绕组的电流含有高次谐波，这将使其负荷损耗增大。因此换流变压器的负荷损耗比普通电力变压器的要大。在测量或计算换流变压器的负荷损耗时，必须考虑谐波电流所引起的损耗。

（1）热备用损耗。在热备用状态下相当于换流变压器空载，热备用损耗就是空载损耗。

（2）运行损耗。在运行中换流变压器的损耗是励磁损耗（铁芯损耗）加上与电流相关的负荷损耗。当换流变压器带负荷时，就有谐波电压加在变压器上，但谐波电压对变压器励磁电流的作用与电压的工频分量相比可以忽略不计。因此可以认为换流变压器在运行中的铁芯损耗与在空载情况下是一样的。

3. 平波电抗器损耗

平波电抗器有空心式（干式）和油浸式两种，后者还可能有带气隙的铁芯。流经平波电抗器的电流是叠加有谐波分量的直流电流。谐波电流主要是由换流站直流侧产生的特征谐波，也可能有少量的非特征谐波。平波电抗器的负荷损耗包括直流损耗和谐波损耗。当采用带铁芯的油浸式电抗器时，还应计算磁滞损耗。

4. 交流滤波器损耗

交流滤波器损耗由滤波电容器损耗、滤波电抗器损耗和滤波电阻器损耗组成。

（1）滤波电容器损耗。电容器的工频损耗在出厂试验时进行测量，并以瓦/千乏给出。谐波电流引起的损耗很小，可以忽略不计。

（2）滤波电抗器损耗。在确定滤波电抗器的损耗时，需要考虑流过电抗器的工频电流、谐波电流以及电抗器的工频电抗和在各次谐波下的品质因数。

（3）滤波电阻器损耗。在确定滤波电阻器的损耗时，应同时考虑工频电流和谐波电流。

5. 直流滤波器损耗

直流滤波器损耗由滤波电容器损耗、滤波电抗器损耗和滤波电阻器损耗组成。

（1）滤波电容器损耗。直流滤波电容器损耗包括直流均压电阻损耗和谐波损耗。谐波损耗可以忽略不计。

（2）滤波电抗器损耗。按照规定的负荷水平和运行参数，确定流经电抗器的谐波电流，使用出厂试验时在同样频率下测得的电抗值和品质因数进行计算确定。

（3）滤波电阻器损耗。滤波电阻器的损耗主要是谐波电流引起的损耗。

6. 站用电损耗

换流站所需要的站用电系统负荷称为换流站辅助系统损耗或站用电损耗。站用电损耗是随一系列的因素而变化的，如站服务设施、运行要求、环境条件等。因此，通常实际消耗的最大功率约为接入负荷的 60%。

7. 其他设备损耗

换流站内还有一些设备会产生损耗，如避雷器、测量用直流分压器和电力线载波滤波器等，但这些设备的损耗一般都很小，可以忽略不计。如果换流站中装有同步调相机或静止无功补偿装置，此类设备的损耗还应包括进去。

二、直流输电线路损耗

直流输电线路损耗包括与电压相关的损耗和与电流相关的损耗。与电压相关的损耗主要指线路的电晕损耗和绝缘子串的泄漏损耗，后者的数量较小，可以忽略不计。与电流相关的损耗主要指流过线路的直流电流在线路电阻上产生的损耗。

电晕损耗的大小不仅取决于导线截面、分裂数、极间距离等线路设计参数，它还与气象条件、导线表面状况等许多因素有关。因此，电晕损耗在不同的时间和环境条件下相差很大。通常需要经过长期的统计测量才能得到较为准确的年平均电晕损耗值。

我国葛洲坝—南桥 $\pm 500\text{kV}$ 直流输电线路，采用每极 $4 \times 300\text{mm}^2$ 的钢芯铝线，实测统计的电晕损耗平均值为 5.87kW/km，全线长度 1045km，总电晕损耗为 6.13MW，相当于该输电线路额定功率（1200MW）的 0.51%。

直流输电线路在电阻上产生的损耗可用下式计算

$$\Delta P_\text{d} = I_\text{d}^2 R_\text{d} \qquad\qquad (3-42)$$

$$R_\text{d} = R_0 L$$

式中　ΔP_d——直流电流在线路电阻上的损耗，W；

　　　I_d——线路上的直流电流，A；

　　　R_d——直流线路电阻，Ω；

　　　R_0——单位线路长度的电阻，Ω/km；

　　　L——线路长度，km。

R_d 与直流系统的运行方式有关。对于双极直流输电工程，当双极或单极金属回线方式运行时，R_d 为两极线路电阻之和，当单极大地回线方式运行时，R_d 为一极线路的电阻，当单极双导线并联方式运行时，R_d 为一极线路电阻的一半。直流输电线路中的谐波电流通常很小，由其引起的损耗可以忽略不计。

三、接地极系统损耗

直流输电的接地极系统主要是为直流电流提供一个返回通路，在运行中也会产生损耗。接地极系统的损耗与直流输电系统的运行方式有关，当直流输电系统运行在单极大地回线方式或双导线并联大地回线方式时，直流负荷电流将全部通过接地极系统，其损耗将按直流负荷电流来计算。当直流输电系统为单极金属回线方式时，接地极系统中无直流电流通过，因而也就不产生损耗。当直流输电系统为双极电流对称方式运行时，流经接地极系统的电流小于额定直流电流的 1%，由此产生的损耗可以忽略不计。当直流输电系统为双极电流不对称方式运行时，流经接地极系统的电流为两极电流之差值，则接地极系统的损耗按两极电流之差值进行计算。接地极系统的损耗包括接地极线路损耗和接地极损耗两部分。接地极电阻很小（通常小于 0.1Ω），其损耗也很小。

直流输电的控制与保护

第一节 概 述

直流输电的优点之一是能够通过换流器触发相位的控制，实现快速和多种方式的调节。直流输电系统的许多运行性能，都是由控制方式确定的，所以自动控制系统在直流输电系统中占有重要的地位。本章着重介绍直流输电工程采用的控制方式及其功能。

一、直流系统控制应具有的基本功能

（1）减小由于交流系统电压变化引起的直流电流波动。

（2）限制最大直流电流，防止换流器过载损坏。限制最小直流电流，避免直流电流间断。

（3）尽量减小逆变器发生换相失败的概率。

（4）适当地减小换流器所消耗的无功功率。

（5）正常运行时，直流电压保持在额定值水平，使在输送给定功率时线路的功率损耗适当。

二、直流系统应具备的基本控制

（1）直流电流控制，保持电流等于给定值。

（2）直流电压控制，保持直流线路送端或受端的电压在给定的范围内或等于给定值。

（3）整流器触发角（α 角）控制，使正常运行时 α 角较小，以减小无功功率的消耗，并留有调节的余地。

（4）逆变器关断角控制，限制关断角不小于给定的关断裕度角，以减小换相失败的概率。如果可能时，应在不小于给定值的条件下，适当减小关断角，以提高功率因数。

三、直流系统控制的基本原理

直流输电系统的控制调节，是通过改变线路两端换流器的触发角来实现的，它能执行快速和多种方式的调节，不仅能保证直流输电的各种输送方式，完善直流输电系统本身的运行特性，而且还可改善两端交流系统的运行性能。

一个由 6 脉动换流器组成的两端单极直流输电系统，从直流侧看每端可以等效为一个直流电压源，其整流侧电压可表示为

$$U_{dz} = 1.35E_z\cos\alpha - (3/\pi)X_{\gamma z}I_d \qquad (4-1)$$

逆变侧电压可表示为

$$U_{dn} = 1.35E_n\cos\beta - (3/\pi)X_{\gamma n}I_d \qquad (4-2)$$

或 $\qquad U_{dn} = 1.35E_n\cos\gamma - (3/\pi)X_{\gamma n}I_d \qquad (4-3)$

式中　α、β、γ——滞后触发角、超前触发角和关断角；

　　　E_z、E_n——整流侧和逆变侧换流变压器阀侧空载线电压有效值；

　　　$X_{\gamma z}$、$X_{\gamma n}$——整流侧和逆变侧等值换相电抗，它们的 $3/\pi$ 倍，可以看作是电压源的内阻。

对于 12 脉动换流器组成的单极系统，直流电压是以上各式得出值的 2 倍。

直流线路流过的电流等于线路两端的电位差除以线路电阻，即

$$I_d = 1.35(E_z\cos\alpha - E_n\cos\beta)\left/\left[R + \frac{3}{\pi}(X_{\gamma z} + X_{\gamma n})\right]\right. \qquad (4-4)$$

或 $\qquad I_d = 1.35(E_z\cos\alpha - E_n\cos\gamma)\left/\left[R + \frac{3}{\pi}(X_{\gamma z} - X_{\gamma n})\right]\right. \qquad (4-5)$

式中　R——直流线路等值电阻，对于不同的直流接线方式 R 值不同。

由此，可以作出直流系统的等值电路图，见图 4-1。

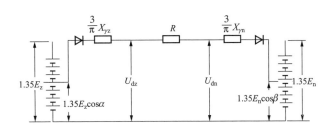

图 4 - 1 直流系统等值电路图

以上各式反映了直流电压和直流电流与换流器触发角和交流电压之间的关系，由式（4 - 1）和式（4 - 2）可知：直流电压可通过改变换流器的触发角以及交流电压来控制，当交流电压或直流电流变化时，也可通过改变触发角来维持直流电压或电流不变。由于晶闸管单向导通的特性，直流回路的电流方向不能改变，但是，可以通过改变触发角来改变电压的极性，从而改变直流功率输送的方向。因此，通过改变换流器的触发角能够快速而大范围地控制直流线路的电流、电压和功率。此外，还可利用换流变压器分接头的切换进行慢速的控制。

通常由两侧换流器分工控制直流输电线路的直流电流和电压。正常运行时，一般由整流站控制直流电流，逆变站控制直流电压。为此，整流侧设有电流调节器来控制电流，另设换流变压器分接头切换控制，使 α 角运行在给定的范围内。逆变侧装有定关断角调节器和换流变压器分接头切换控制，后者用来控制直流电压。此外，逆变器也设有电流调节器，在非正常情况下投入运行，作为控制电流的后备设施。

以上是直流系统的基本控制，它是保证系统正常运行所不可缺少的。此外，在实际工程中为了提高运行的可靠性和灵活性，还配置了一些其他的控制，例如直流功率控制、交流系统频率控制、交流系统振荡阻尼控制等。

第二节　换流器的控制

一、换流器触发脉冲相位控制

换流器触发脉冲相位控制是直流输电控制系统中用来改变换流阀的触发相位，实现直流输电系统及其换流装置运行状态调节的控制环节，具有等触发角控制和等相位间隔控制两种控制方式。

1. 等触发角控制

等触发角控制又称按相控制或分相控制，其特点是：换流器的每一换流阀都有各自分开的触发相位控制电路，直接以加在每个阀上各自的交流电压为参考，即以它的瞬时值变正的过零点为相位基准，以决定该阀触发时刻的相位，保持各阀的触发角相等。

在交流系统三相电压对称时，按相控制的各阀相继触发脉冲间的相位差在稳态运行时是相等的，对于6脉动换流器是60°，对于12脉动换流器是30°。当加在换流器上的三相电压不对称时，各阀的触发角相等，而各阀相继触发脉冲间的相位间隔则不相等。触发脉冲相位间隔不相等，将在换流器的交流侧和直流侧产生非特征谐波电流和电压。未被滤除的低次非特征谐波电流流入交流系统，将进一步导致交流电压发生畸变和过零点的相对移动，从而造成触发脉冲间隔更加不相等，产生更大的非特征谐波，由此可能形成恶性循环。特别是在交流系统谐波阻抗较大时，有可能产生增幅的谐波振荡，甚至造成直流输电系统工作的不稳定。此外，触发脉冲间隔不等，还会使换流变压器产生直流偏磁，导致换流变压器损耗和噪声增大。可能发生谐波不稳定是按相控制方式的主要缺点。这种控制方式目前在工程中已不采用。

2. 等相位间隔触发控制

等相位间隔触发控制又称等间隔控制或等距离脉冲控制。它与按相控制的区别在于它不以保证各阀触发角相等为目标，而是保证相继各触发脉冲间的等相位间隔。每个换流器只装一套相位控制电路，发出等间隔的触发脉冲信号序列，并按一定顺序，依次分送到相应阀的触发脉冲发生器去触发该阀。对于6脉动换流器触发脉冲之间的间隔为60°，而对于12脉动换流器则此间隔为30°。如果交流系统三相电压对称，在等相位间隔控制作用下，各阀的触发角也是相等的。当交流系统三相电压不对称时，在等相位间隔控制作用下，虽然各阀的触发角会不相等，但却能有效地抑制非特征谐波可能形成的恶性循环，防止发生谐波不稳定现象。由于触发脉冲间隔相等，产生的非特征谐波很有限，克服了按相控制的主要缺点，成为当前普遍采用的触发相位控制方式。这种控制方式的主要缺点是：当交流系统发生不对称故障时，各阀的触发角之间相差较大，有时会造成调节器工作困难。

二、换流器基本控制方式及其配置

(一) 换流器的基本控制方式

在高压直流输电控制系统中，换流器控制是基础，它主要通过对换流器触发脉冲的控制和对换流变压器抽头位置的控制，完成对直流传输功率的控制。直流控制系统应能将直流功率、直流电压、直流电流以及换流器触发角等被控量保持在直流一次回路的稳态极限之内，还应能将瞬时过电流及瞬时过电压都限制在设备容许的范围之内，并保证在交流系统或直流系统故障后，能在规定的响应时间内平稳地恢复送电。

图4-2 (a) 是两端直流系统的基本控制方式示意图，整流侧特性由定直流电流和定最小触发角两段直线构成，逆变侧特性由定直流电流和定关断角或定直流电压［图4-2 (a) 中的虚线］两段特性构成。为了避免两端电流调节器同时工作引起调节的不稳定，一般逆变侧电流调节器的定值要小于整流侧的定值，这是换流器控制的基本原则，称为电流裕度法。根据电流裕度控制原则，此电流裕度无论在稳态运行还是在瞬时情况下都必须保持，一旦失去电流裕度，直流系统就会

崩溃。若电流裕度取得太大，当发生控制方式转换时，传输功率就会减小太多；若电流裕度太小，则可能因运行中直流电流的微小波动致使两端电流调节器都参与控制，造成运行不稳定。绝大多数高压直流工程所采用的电流裕度都是 0.1p. u.，即额定直流电流的 10%。

正常运行时，通常以整流侧定直流电流，逆变侧定关断角或定直流电压运行，其运行工作点为图 4-2（a）中的 N 点，当整流侧交流电压降低或逆变侧交流电压升高很多时，使整流器进入定最小触发角控制，此时逆变器则自动转为直流电流控制，其整定值比整流侧的小 0.1p. u.，其运行工作点为图 4-2（a）中的 M 点。这种整流器和逆变器控制特性的组合，就是电流裕度控制特性。

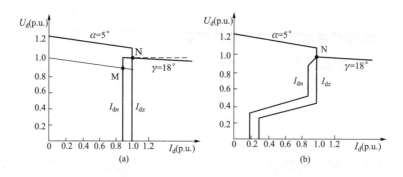

图 4-2　直流系统基本控制特性示意图

（a）电流裕度控制特性；（b）直流系统实用控制特性

直流输电系统的其他控制功能，如定功率控制、频率控制、阻尼控制等高层控制，都是在此基础上增设的。实际使用的直流输电控制系统，在基本控制特性的基础上，还增加了以下几种改善措施：

1. 低压限流控制特性

低压限流控制特性是指在某些故障情况下，当发现直流电压低于某一值时，自动降低直流电流调节器的整定值，待直流电压恢复后，又自动恢复整定值的控制功能。

设置低压限流特性是用来改善故障后直流系统的恢复特性。其主要作用是：

（1）避免逆变器长时间换相失败，保护换流阀。正常运行的阀，在一个工频周期内仅 1/3 时间导通，当由于逆变侧交流系统故障或其他原因使逆变器发生换相失败，造成直流电压下降、直流电流上升、换相角加大、关断角减小时，一些换流阀会长期流过大电流，这将影响换流器的运行寿命，甚至损坏。因此，通过降低电流整定值来减少发生后续换相失败的几率，从而可以保护晶闸管组件。

（2）在交流系统出现干扰或干扰消失后使系统保持稳定，有利于交流系统电压的恢复。交流系统发生故障后，如果直流电流增加，则换流器吸收的无功功率增加，这将进一步降低交流电压，可能产生电压不稳定。而当直流电流减少时，换流器吸收的无功功率减少，这将有利于交流电压的恢复，避免交流电压不稳定。在交流系统远程故障后的电压振荡期间，可以起到类似动态稳定器的作用，改善交流系统的性能。

（3）在交流系统故障切除后，为直流输电系统的快速恢复创造条件。在交流电压恢复期间，平稳增大直流电流来恢复直流系统。需要注意的是，如果交流系统故障切除，直流系统功率恢复太快，换流器需要吸收较大的无功功率，将影响交流电压的恢复，所以对于较弱的受端交流系统，通常要等交流电压恢复后，才能恢复直流的输送功率。

2. 电流裕度平滑转换特性

如果逆变侧交流系统短路容量较小，电流裕度特性中的逆变器定 γ 角特性的斜率将大于整流器的定 α 角特性的斜率，此时在两端电流调节器的定值之间没有稳定的运行点，直流电流将在两个定值之间来回振荡。为了防止上述情况的发生，在实际的控制系统中配备有电流裕度平滑特性，即当直流电流在逆变侧电流定值与整流侧电流定值之间（$I_{d0} - \Delta I_d < I_d < I_{d0}$）时，按电流差值增加 γ 角，从而使逆变器的外特性变为正斜率的直线，即

$$\gamma = \left[\, 1 + k\left(I_{d0} - \Delta I_d \right) / I_{d0} \,\right] \gamma_0 \qquad\qquad (4-6)$$

式中　k——常数，适当地选取 k 值，可以使这个特性成为正斜率的直线，见图 4 - 2（b）。

三—常直流输电工程控制系统在逆变器的 U_{dc}/I_{dc} 特性曲线上提供了一段正斜率的线段，直流正常运行点就处在这一线段上，起着类似的功能和作用，见图 4 - 3。

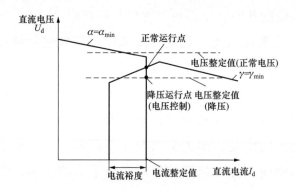

图 4 - 3　三—常直流输电工程控制 U_d/I_d 特性

3. 电流裕度补偿控制特性

使用电流裕度控制特性，当进入逆变器定电流控制时，由于直流电流减小一个裕度，使直流输送功率也相应减小。为了弥补直流功率的减少，一些直流输电工程采用了电流裕度补偿功能，其原理是同时提高两端电流调节器的定值。当整流侧进入最小触发角限制时，将实际电流与原电流定值的差加到电流调节器最后使用的定值上，这个新值也将送到逆变侧，以提高逆变侧电流调节器的定值，既补偿直流功率的损失，同时也保持两端调节器的电流裕度。因此，在基本控制特性上，相当于两个定电流直线同时右移。

4. 双极电流平衡控制特性

直流输电系统双极运行时，其极间不平衡电流将流经两端接地极进入大地。为了尽量减小入地电流对地下金属设施的腐蚀作用，一方面要接地极地址尽可能远离地下设施多的地区，另一方面则是尽量减小极间不平衡电流。在没有双极电流平衡控制的情况下，高压直流输电系统可以把极间不平衡电流控制在3%额定值以下，而加上双极电流平衡控制以后，则可将不平衡电流减小到电流测量误差水平。直流电流的测量误差可达到1%以下，因此，装设双极电流平衡控制以后，可以把流入地中的电流减小到额定电流的1%以下。

（二）换流器控制的基本配置

1. 整流站控制的基本配置

（1）最小触发角 $\alpha_{\min}$ 控制。晶闸管导通的条件有两个：① 阳极和阴极之间加有正向电压；② 控制极上加有足够强度的触发脉冲。如果在控制极加上触发脉冲的时刻，施加在它上面的正向电压太低，便会导致各晶闸管导通的同时性变差。最小触发角控制就是为解决这一问题而设的。目前世界上绝大多数直流输电工程采用的最小触发角为5°。

（2）直流电流控制。直流电流控制，也称定电流控制，是直流输电最基本的控制。定电流调节的基本原理是，把系统实际电流 I_d 和电流整定值进行比较，当出现差别时，便改变整流器的触发角，使差值消失或减小，以保持 I_d 等于或接近于电流整定值。它可以控制直流输电的稳态运行电流，并通过它来控制直流输送功率以及实现各种直流功率调制功能以改善交流系统的运行性能。同时当系统发生故障时，它又能快速限制瞬时的故障电流以保护晶闸管换流阀及换流站的其他设备。因此，直流电流调节器的稳态和瞬时性能是决定直流输电控制系统性能好坏的重要因素。

（3）直流电压控制。直流电压控制也称定电压控制。按照电流裕度法原则，整流站不需要配备直流电压控制功能，但是为了防止在某些异常情况下出现过高的电压，如发生直流回路开路时出现过高的直流电压，通常在整流站仍配备直流电压控制功能。其电压整定值通常略高于额定直流电压值（如1.05p.u.），当直流电压高于其定值时，它

将加大 α 角，达到限压的目的。

（4）低压限流控制。低压限流特性的响应时间，直流电压下降方向通常取 $5 \sim 40ms$，直流电压上升方向取 $40 \sim 200ms$，个别工程达 $1s$。

低压限流特性的直流电压动作值，整流站一般取 $0.45 \sim 0.35p.u.$；直流电流定值，整流侧通常取 $0.3 \sim 0.4p.u.$，个别工程取 $0.1p.u.$。

（5）直流功率控制。高压直流输电系统往往需要按照预定计划输送功率。当两侧换流母线电压波动不大时，整流侧采用定电流控制，逆变侧采用定电压控制，便可近似地得到定功率控制特性。

采用定功率控制方式是为了更精确地控制直流传输功率，它需要增加功率调节器。功率调节器不直接控制换流器触发脉冲相位，而是以直流电流调节器为基础，通过改变其电流定值的办法来实现功率调节。在实际工程中，一般将运行人员整定的功率定值，除以实测的直流电压，从而获得为保证此功率定值所需要的直流电流定值。为达到控制功率的目的，功率调节器通常控制整流站电流调节器的电流定值。但功率调节器却并非一定要装设在整流站，它的装设点往往随主导站而定。为了保证换流器运行在容许的范围之内，控制系统还应当设置以下的电流限制和 α 限制：

1）最大电流限制。如 $2h$ 过负荷能力限制、冬季过负荷能力限制、动态过负荷能力限制、直流降压运行负荷限制等。通常两端换流站各自计算出本站的最大电流限制值并送往对端站，选出其中较低值作为共同的最大电流限制值，并保证在任何情况下两端的最大电流限制值均相等。

2）最小电流限制。为了使直流输电系统不运行在过低的直流电流水平上，以避免直流电流发生断续而引发过电压之类的问题，应对最低运行电流值给予限制。直流输电系统正常运行所允许的最小直流电流，应当大于断续电流，并考虑留有一定的裕度，一般选为断续电流的 2 倍。通常取最小电流限值为额定直流电流的 10%。

3）整流站最小 α 限制。在整流站配置最小 α 角限制功能，当整流站发生交流系统故障时，为降低故障对直流输送功率的影响，最小 α 限制将 α 角快速降低到允许的最小值。

2. 逆变站基本控制配置

（1）定关断角（定 γ 角）控制。当换流器作逆变器运行时，如果关断角太小，晶闸管阀还未完全恢复其正向阻断能力，就又加上了正向电压，它就会重新自行导通，于是将发生倒换相过程，其结果将使应该导通的阀关断，而应该关断的阀却继续导通，这种现象称为换相失败。

逆变器偶尔发生单次换相失败，往往会自行恢复正常换相，对直流输电系统的运行影响不大。然而，若连续地发生换相失败，则会严重地扰乱直流功率的传输，必须予以避免。因此，为保证逆变器安全运行，其关断角应保持大些为好。

另一方面，由于

$$U_{\mathrm{d}} = U_{\mathrm{d0}} \cos(\gamma + \mu/2) \cos(\mu/2) \tag{4-7}$$

式中　U_{d}——直流电压；

　　　U_{d0}——逆变器的空载理想直流电压；

　　　γ——关断角；

　　　μ——换相角。

在电流裕度控制方式下，直流线路电压是由逆变侧的关断角调节器控制的，从式（4-7）可见，关断角增大，将使逆变器能维持的直流电压降低，从而减少了可能传输的直流功率。其次，因为逆变器的功率因数可以表示为

$$\cos\varphi \approx [\cos\gamma + \cos(\gamma + \mu)]/2 \tag{4-8}$$

可见，关断角增大，也将导致逆变器功率因数降低，使逆变器消耗的无功功率增大。因此，为提高换流器传输的直流功率、降低换流器消耗的无功功率，关断角应保持小些为好。

以上说明安全运行和传输直流功率对关断角的要求是不一样的。合理解决的办法是对关断角进行恰当的控制，使其在正常运行条件时，在保证安全的前提下，维持尽可能小的关断角。这就是关断角调节器的任务。

关断角这一变量可以直接测量，却不能直接控制，只能靠改变逆变器的触发角来间接调节。此外，关断角不仅与逆变器的触发角有关，同时还与直流系统其他变量有关，其表达式为

$$\cos\gamma = \cos\beta + \sqrt{2}\pi \, I_\mathrm{d}R_\gamma/3E_\mathrm{n} \qquad (4-9)$$
$$R_\gamma = 3X_\mathrm{n}/\pi$$

式中　β——逆变器触发角；

γ——逆变器关断角；

I_d——直流电压；

E_n——逆变器阀侧空载线电压；

R_γ——逆变器等值换相电阻；

X_n——逆变器的换相电抗。

由于运行中，R_γ、I_d 和 E_n 随时都可能发生变化，因而对关断角的控制难于准确。考虑到这一因素，在选择关断角整定值时，除了要计入晶闸管的关断时间外，还要附加一个时间裕度。绝大多数直流工程的关断角定值都在 $15° \sim 18°$ 的范围内。

（2）直流电流控制。根据电流裕度控制原则，逆变器也需装设电流调节器，不过逆变器定电流调节器的整定值比整流器小，因而在正常工况下，逆变器定电流调节器不参与工作。只有当整流侧直流电压大幅度降低或逆变侧直流电压大幅度升高时，才会发生控制模式的转换，变为由整流器最小触发角控制起作用来控制直流电压，逆变器定电流控制起作用来控制直流电流。同时，还应配备自动电流裕度补偿功能，来弥补与电流裕度定值相等的电流下降，以尽量减少直流输送功率的降低。

（3）直流电压控制。逆变站采用定直流电压控制与定关断角控制相比，更有利于受端交流系统的电压稳定。例如，当受端交流电网受到扰动，致使逆变器交流母线电压下降时，将引起逆变器换相角 μ 增大，同时直流电压也降低。在采用定关断角控制的情况下，由于换相角增大，为了保持关断角 γ 不变，关断角调节器将使逆变器 β 角增大（$\beta = \mu + \gamma$），导致逆变器消耗的无功功率增加，这将使逆变站换流母线电压进一步降低，从而可能导致交流电压不稳定。而采用定电压控制时，当受端电网交流电压下降而导致直流线路电压降低时，为了保证直流电压不变，电压调节器将减小逆变器的 β 角，这就使逆变器消耗的无功功率减小，从而有利于换流母线电压的恢复。此外，在轻负荷时，定电压控制可获得较大的关断角，从而更加减小了换相失败的几率，同时由于关断角的加大，使逆变器消耗的无功增加，这对轻负荷时换流站的无功平衡有利。由于这一原因，当受端为弱交流系统时，逆变器的正常控制方式往往采用定电压控制，而定关断角控制则作为限制器使用，以防止关断角太小时发生换相失败。

但在另一方面，当采用定电压控制时，由于在增大直流电压方向上往往需要留有一定的调节裕量，因而在额定工况下，这种控制方式保持的关断角比定关断角控制时要大，因而逆变器吸收的无功功率要多一些。

（4）低压限流控制。为了和整流侧低压限流控制的特性相配合，保持电流裕度，逆变侧也需设置低压限流控制，且其电压定值、电流定值、时间常数都必须密切与整流侧配合。逆变站低压限流控制的直流电压动作值一般取 $0.75 \sim 0.35 \text{p.u.}$，直流电流定值通常取 $0.1 \sim 0.3 \text{p.u.}$。

（5）最大触发角限制。为了防止在某些异常情况下，因调节器超调导致逆变器触发角 α 太大，造成逆变器关断角太小而引起换相失败故障，逆变器还需设置最大触发角限制，此限制值通常在 $150° \sim 160°$ 之间。

第三节　直流系统的控制

一、直流输电启停控制

启停控制主要包括直流输电系统从停运状态转变到运行状态以及输送功率从零增加到给定值，或从运行状态转变到停运状态的控制功能。停运状态可分为换流站主设备与电源隔离不带电，以及主设备带电但直流不送电两种状态。直流输电系统的启停包括正常启动、正常停运、故障紧急停运和自动再启动等。

（一）正常启停

直流输电系统正常工作时的启动和停运，包括换流变压器网侧断路器操作、直流侧开关设备操作、换流器解锁或闭锁、直流功率按给定速度上升到整定值或下降到最小值的全过程。为了降低启停过程中的过电压和过电流，以及减小启停时对两端交流系统的冲击，直流输电的正常启停均严格按一定的步骤顺序进行。

1. 正常启动

在完成两端换流站网侧断路器合闸、直流回路连接操作和最小交流滤波器组投入后，以大触发角（$\alpha \geqslant 90°$）先解锁逆变器，后解锁整流器。逆变侧由直流电压调节器（或关断角调节器）按启动过程中对直流电压变化规律（一般为直线变化）的要求，逐步升高直流电压直至运行的整定值（或关断角整定值），与此同时，整流侧由电流调节器按启动过程中对直流电流变化规律（一般为直线变化）的要求，逐渐升高直流电流直至运行的整定值。在此过程中，交流滤波器组随直流功率的增加而逐组投入，以满足无功补偿和谐波滤波的要求。

正常启动过程的长短，一般由两端交流系统的承受能力来决定，可由几秒钟到几十分钟。为了缩短在启动过程中直流电流发生间断的持续时间，开始启动时电流调节器的整定值等于或略大于稳态直流电流的最小允许值，在工程中通常取为额定直流电流的 10%。

2. 正常停运

先由整流侧电流调节器按停运过程中对直流电流变化规律的要求，逐步减小直流电流到允许运行的最小值，在此过程中交流滤波器组随直流功率减小而逐组切除。然后闭锁整流器的触发脉冲，或将触发脉冲移相到 α 为 120° ~ 150°，使整流器变为逆变器运行，延时 20 ~ 40ms 后再闭锁触发脉冲，并切除整流侧余下的交流滤波器组。直流电流到零后，闭锁逆变器的触发脉冲，并切除逆变侧余下的交流滤波器组。然后进行两端换流站直流侧开关设备的操作，使直流线路与换流站断开，最后进行交流开关设备的操作，跳开换流变压器。

（二）故障紧急停运

直流输电系统在运行中发生故障，保护装置动作后的停运称为故障紧急停运。故障紧急停运过程是迅速将整流器触发角 α 移相到120° ~ 150°，使直流线路两端换流器都处于逆变状态，将直流系统内所储存的能量迅速送回两端交流系统。当直流电流下降到零时，分别闭锁两侧换流器的触发脉冲，继而跳开两侧换流变压器的网侧断路器，达到紧急停运的目的。当多桥换流器中只有一个或部分换流桥发生故障而必须退出运行时，为了使其余部分仍可继续运行，可利用旁通阀和旁通开关，将故障部分隔离而退出工作。

除了保护启动的紧急停运外，还可以手动启动紧急停运。在换流站主控制室内设有手动紧急停运按钮，当发生危及人身或设备安全的事件时，可手动按下紧急停运按钮，实现紧急停运。

（三）自动再启动

自动再启动用于在直流输电架空线路瞬时故障后，迅速恢复送电的措施。直流输电的自动再启动过程为：当直流保护系统检测到直流线路接地故障后，立即将整流器的触发角快速移相到 120° ~ 150°，使整流器变为逆变器运行，直流电流在 20 ~ 40ms 内降到零。再经过预先整定的弧道去游离时间（100～500ms）后，按一定速度自动减小整流器的触发角，使其恢复为整流运行，并快速将直流电压和电流升到故障前的运行值。如果故障点的绝缘未能及时恢复，在直流电压升到故障前的运行值之前可能再次发生故障。这时可进行第二次自动再启动。为了提高再启动的成功率，在第二次再启动时，可适当加长整定的去游离时间，或减慢电压上升速度，或降低要升到的直流电压水平然后再启动。

如果第二次再启动仍未成功，还可进行第三次，甚至第四次再启动。如已达到预定的再启动次数，但均未成功，则认为故障是持续性的，此时就发出停运信号，使直流系统停运。

由于控制系统的快速作用，直流输电的自动再启动时间一般比交流系统的自动重合闸时间要短，因而对两端交流系统的冲击也较小。对于直流电缆线路，由于其故障多半是永久性的，故不宜采用自动再启动。

二、直流输电功率控制

高压直流输电系统一般具有定功率模式和定电流模式两种基本的输电控制模式，此外还具有降压运行模式。

（一）定功率模式

定功率控制模式是直流工程的主要控制方式。根据这一控制方式，控制系统应当将指定的功率测控点的直流功率，保持在主控站运行人员整定的功率定值上。

直流输电输送功率的控制是通过改变直流电流调节器的电流整定值来实现的。这种控制方式可以充分发挥直流电流调节回路的快速响应特性。为了防止电流定值因直流电压可能产生的剧烈变化而大幅度波动，需要对直流电压信号进行滤波处理。

直流功率定值及功率从一个定值向另一个定值转变的变化率由运行人员给定。另外，也可将其他功率调制信号叠加在功率定值上，以实现需要的功率调制功能。功率控制通常具有以下两种运行控制方式。

1. 手动控制

通过运行人员手动输入双极功率定值及功率升降速率改变直流输送功率，双极输送的直流功率按整定的速率线性变化至预定值。利用中止功率升降功能，可以在功率升降过程中中止功率升降，使功率定值停留在执行中止功能的时刻所达到的数值。

2. 自动控制

当采用这种运行控制方式时，双极功率定值应当按预先编排好的直流传输功率日负荷曲线自动变化。运行人员还可以临时修改已整定的曲线。整定功率曲线的预置与修改，均不应对直流传输功率产生任何扰动。

运行人员能方便地从手动控制方式切换到自动控制方式，反之亦然。在手动控制和自动控制之间切换时，不应引起直流功率的突然变化。

功率控制应当保证在双极对称运行情况下，流过每一直流极线的电流相等，尽量减少接地极电流。只有按单极大地回线方式运行或双极运行时由于受到设备条件的限制或其他原因不可能使极线电流达到平衡时，才容许接地极电流增大，即使在一极降压运行的情况下，也应尽可能地保持双极电流相等。

如果直流系统某一极的输电能力下降，导致实际的直流传输功率减小，那么双极功率控制应当增大另一极电流，自动而快速地把直流传输功率恢复到尽可能接近功率定值水平，另一极的电流可以增大到该极的固有过负荷水平，或短时过负荷水平。当流过极线的电流超过设备的连续过负荷能力时，功率控制应当向系统运行人员发出报警信号，并在使用规定的过负荷能力之后，自动地把直流功率降低到安全水平。当一极闭锁或清除直流线路故障时，双极功率控制应将故障极损失的功率尽可能转移到健全极。如果需要，健全极的功率可以达到它的额定短期过负荷能力。通常要求其增加功率的90%应在单极闭锁后80ms以内达到。

在定功率控制方式下，预定的双极功率定值可能因功率调制等其他控制信号而变化，控制系统应当将直流功率调整到最终的功率定值水平上。控制系统在暂态期间或检测到功率控制器发生故障时，应能自动地从定功率控制方式切换到定电流控制方式，在切换前后电流值之差的绝对值应小于额定电流的1%，扰动过后切换回功率控制时，也应当是平稳的，且满足同样的电流变化限制指标。当一极按定电流控制方式运行时，另一极应能照样进行双极功率控制。此时按功率控制方式运行的极所传输的功率，应等于整定的双极功率减去另一极所输送的功率。

（二）定电流模式

通常定电流控制的响应比定功率控制快，因而直流系统在遭受剧烈扰动时，可以考虑把控制方式从定功率控制切换到定电流控制，以提高系统稳定性。

在定功率控制模式下，若两换流站间通信回路发生故障时，控制系统则会从定功率控制自动转换到定电流控制，此时逆变站应自动保持电流裕度。这两种控制方式之间的切换应当是平稳的。当两换流站间通信故障时间较长，但站间还可通过电话联系的情况下，控制系统应仍能允许直流系统继续运行，这种控制方式叫做应急电流控制方式。由于站间通信是以极为基础设置的，因而应急电流控制也应各极分别设置。

有些直流工程设计有电流跟踪功能，即当站间通信故障后，逆变站将实际输送的直流电流当作来自整流站的电流定值，因此，在站间通信故障后仍能保持双极功率控制模式。但在这种情况下，必须对功率的变化率予以适当限制。

（三）降压运行模式

高压直流系统的各极一般都具有降压运行的功能，以便在直流线路绝缘能力降低，不能经受全压的情况下，还能降压继续运行。实现一个极的降压运行有以下两种方式。

1. 手动方式

无论该极带电与否，运行人员均应能从控制台发出降压运行指令，从全压至降压运行的转换应当是平稳的，反之亦然。如果该极正处于功率控制方式下运行，则在转换过程中，应同时调整直流电压和直流电流（即在降压时直流电流则按降压的比例相应地增加），以保持直流功率不变（如果一次系统设计允许的话），尽可能地减小对直流传输功率的扰动。

2. 自动方式

降压运行应能由直流线路保护自动启动。

全压运行和降压运行之间的转换速度及降压幅度都应是可调的，以适应系统变化的需要。通常，要求全压到降压的转换快些，以利于运行操作。直流降压运行的电压定值一般取 $0.7 \sim 0.8 p.u$，具体值的大小取决于主回路设计。

三、换流站无功功率控制

换流站无功功率控制是直流输电控制系统中对换流站无功功率进行控制的环节，它通过调整换流站装设的无功补偿设备的投入容量或改变换流器吸收的无功功率，将换流站与交流系统交换的无功功率控制在规定的范围内（无功功率控制方式），或将换流站交流母线电压控制在规定的范围内（交流电压控制方式）。前者便于所连的交流系统无功功率的平衡，后者有利于弱受端交流系统的电压稳定性。除了通过投切交流滤波器实现无功功率控制外，还可通过改变换流器的触发角来改变换流器吸收的无功功率进行无功功率控制。

直流输电系统运行时，无论是整流器还是逆变器都要消耗一定的无功功率，其数值不但与输送直流功率的大小有关，也与运行方式、控制方式有关。通常，在额定负荷运行时，换流器消耗的无功功率可达额定输送功率的40% ~ 60%，故换流站需投入大量的无功补偿容量。但在轻负荷运行时，换流器消耗的无功功率迅速减小，如果补偿的无功功率不变，则换流站过剩的无功功率将会注入所连的交流系统，引起换流站交流母线电压升高。因此，必须对投入的无功功率补偿容量进行控制。

换流站装设的无功功率补偿设备通常有交流滤波器、并联电容器、并联电抗器。与弱交流系统相连的换流站，还可能需要装设同步调相机或静止无功补偿装置。由于这些补偿设备的特性各异，每个直流输电工程设置何种类型的无功补偿设备是由交直流系统无功功率平衡及动态特性研究所决定的。

换流站的无功功率控制应能控制换流站全部发出无功的设备和吸收无功的设备，如控制交流滤波器、并联电容器和并联电抗器的投切以及控制换流器吸收的无功功率等。换流器吸收的无功功率可以通过改变其触发角来平滑地进行控制。这些控制作用必须相互协调，以便保证在任何给定的直流传输功率下，对于各种直流系统运行方式，投入的无功补偿设备的组合都是最优的。为了方便地进行无功功率控制，通常将交流滤波器和并联电容器分成若干分组，根据直流输送功率的大小，适当投切滤波器或电容器分组，实现对换流站无功功率的控制，但滤波器分组不能切除过多，否则投运的滤波器将不能满足滤波需要。

无功功率控制器通常具有手动和自动两种运行方式。在手动运行方式下，控制器的所有输出都将失去作用，无功补偿设备和交流滤波器的投切将由换流站运行人员手动进行。在自动运行方式下，控制器的所有功能都将起作用，运行人员的作用仅限于调整定值及死区。

为保证交流滤波器设备的额定值得到满足，避免滤波器过负荷而被切除或受到损坏，或为满足谐波滤波和滤波器特性的需要，无功控制将根据直流传输功率的大小、换流站整流或逆变运行模式、解锁极数量和直流正常或降压运行等各种因素，决定需要投入滤波器的最小数量和类型，对应上面两种要求分别称为绝对最少滤波器组和最少滤波器组要求。如果绝对最少滤波器要求没有满足，无功功率控制将在预定时间后停运直流。如果所有已投入的滤波器仍不能满足滤波要求，则无功功率控制将下令投入更多的滤波器，直到满足滤波要求为止。

在直流输送功率水平较低时，由于滤波器的单组容量不可能很小，投入最少滤波器组后，滤波器发出的无功功率可能超过换流器消耗的无功功率，从而出现向系统输出较多无功功率的情况，这对于无功吸收能力较弱的系统需要引起注意，可能需要限制直流的运行方式和功率水平。在一些直流输电工程中，由于系统吸收无功能力有限，也考虑采用三调谐滤波器技术，即通过一组滤波器来滤除三种频率的谐波，从而在满足滤波需要的条件下，减少向系统输出的无功功率。

为了尽量减少换流站无功分组投切的操作次数，如果直流输电工程设计允许（至少在轻负荷工况下），则无功功率控制器应充分利用换流器内在的无功功率调节能力，即通过改变换流器触发角来调整其吸收的无功功率。但是，这种调节量必须在换流器及相关直流设备所允许的范围内，同时要考虑到对另一端换流站的无功功率平衡和无功控制的影响。

投切无功设备分组使换流站的无功功率台阶式变化，而改变换流器触发角来调整其吸收的无功功率则是连续变化的。这两者的配合可以实现换流站无功功率的平滑调节，其代价是在某些工况下，换流器会在较大的触发角下运行，此时直流线路电压降低，导致换流器运行工况恶化，直流系统损耗增大。这种无功功率控制方式用于长距离输电时要慎重考虑。

在较弱的受端交流系统下，为了减小滤波器或电容器投切对交流电压的影响，避免由于投切引起逆变器换相失败或交流动态电压变化范围超过设计规范，有的直流工程在无功控制当中加入了 γ-kick 功能，即 γ 角跃变功能，在滤波器或并联电容器投切时，瞬时增加 γ 角整定值，以提高换流器无功功率消耗，进而限制交流电压阶跃，此功能只在逆变侧使用。在滤波器投入或切除前，γ 整定值以一定斜率升高一个很小的角度，当滤波器投入或切除后，并在很短的时间内，γ 整定值又降回到投入前的角度。γ 角度的上升时间应与交流系统电压控制的响应时间相配合。

由于影响无功及电压的因素复杂，无功功率控制器的所有功能和特性，都应先用数字计算程序进行计算分析，然后再在直流模拟装置上予以验证，以保证其性能满足要求。

四、换流变压器分接头控制

换流变压器分接头控制用于自动调整换流变压器有载调压分接头位置，以维持整流器的触发角（或逆变器的关断角）在指定的范围内或者维持直流电压或换流变压器阀侧绕组空载电压在指定的范围内。其控制策略需要与换流器控制方式相配合，通常可分为角度控制和电压控制两大类。

1. 角度控制

当整流器使用直流电流控制时，调整换流变压器分接头位置，使换流器触发角维持在指定的范围内（如 $15° \pm 2.5°$）。当逆变器使用直流电压控制时，调整换流变压器分接头位置，使逆变器关断角维持在指定的范围内（如 $18° \pm 2.5°$）。当触发角瞬时超过限定范围时，不应使分接头调节器动作，以免分接头调节机构来回频繁动作。因此，通常规定一个时滞，只有当触发角连续超过限定范围的时间大于此时滞时，才允许启动分接头调节机构。

2. 电压控制

当逆变器使用关断角控制时，调整换流变压器分接头位置，使直流线路电压维持在指定范围内，如 $0.98 \sim 1.02$ 倍额定直流电压。同时，为了避免分接头调节机构来回频繁动作，只有当直流电压偏离其整定值达到一定值，且持续一定时间后（如直流电压偏离额定值 $\pm 1\%$ 且超过 5s），才启动分接头调节。另一种电压控制策略是通过调整换流变压器分接头位置，把整流器（或逆变器）的换流变压器阀侧绕组空载电压维持在整定值。

角度控制方式与电压控制方式相比，其优点是：换流器在各种运行工况下都能保持较高的功率因数，即输送同样的直流功率，换流器吸收的无功功率较少。其缺点是分接头动作次数较频繁，因而检修周期短。此外，分接头调压范围也要求宽些。

由于换流变压器分接开关至今都是机械式的，转换一挡通常需要 3~5s 的时间，对控制的响应很慢。所以，它只能是调整直流输电系统输送功率的辅助手段。

有些直流工程配备有：当换流变压器交流侧断电时，换流变压器分接头可自动调整到最高位置的功能，以便保证下次变压器充电时，励磁涌流最小，变压器阀侧电压最低，这对换流变压器和换流阀都是有好处的。但在另一方面，这种设计对变压器分接头却有不利的影响。因为换流变压器分接头挡位一般较多，在正常的运行情况下，通常都处于额定分接头位置附近，当每次断电时，需要动作许多次才能把分接头位置从额定位置附近升至最高。当再次充电时，往往又需要动作许多次才能把分接头再调回到额定位置附近。这就额外地增加了分接头动作次数，对分接头动作机构显然不利，尤其是在现场调试及运行初期、换流变压器充电/断电较为频繁时，此问题就显得更加突出。

五、直流输电潮流反转控制

潮流反转是利用直流输电系统的快速可控性，将直流功率传输方向在运行中自动反转的一种控制功能。由于潮流反转后，原来的整流器变成了逆变器，原来的逆变器变成了整流器，因此要求两换流站的控制保护系统能满足整流和逆变两种运行方式的需要，从而增加了控制保护系统设计的复杂程度。

1. 反转过程

直流功率的反转过程是在整流站和逆变站的直流控制系统的协同作用下，按预定的顺序自动进行的。通常，直流控制系统接到潮流反转命令后，先由整流站的直流电流调节器将直流电流按预先整定的速率降至最小容许值（通常为额定电流的10%），然后由逆变站的直流电压调节器把直流线路电压按预先整定的速率降至零。与此同时，为保持直流电流恒定，整流侧的直流电压也相应降低（略高于逆变侧），此时由功率方向控制回路将两换流站控制回路中的功率传送方向标志反转，从而使两换流站控制系统中的调节器配置相应切换。于是，原来的整流站变成了现在的逆变站，原来的逆变站变成了现在的整流站。在此之后，先由现在的逆变站的直流电压调节器把直流线路电压按预先整定的速率升至反向后的预定值，最后由现在的整流站的直流电流调节器将直流电流按预先整定的速率升至反转后的预定值，从而完成了整个潮流反转过程。也有的直流工程在反转过程中，要求闭锁换流器，待潮流反转各设定值更改后再解锁换流器。

2. 反转速度

直流输电系统潮流反转过程可以在控制系统的作用下迅速完成（约几百毫秒）。潮流反转有正常运行中所需要的慢速潮流反转和交流系统发生故障需要紧急功率支持时的快速潮流反转。潮流反转的速度主要取决于两端交流系统对直流功率变化速度的要求，以及直流输电系统主回路的限制。正常运行中潮流反转过程的时间往往在几秒钟甚至几十秒以上。

紧急功率支持时所需要的快速潮流反转的时间主要受直流主回路参数的限制，特别是对于电缆线路，太快的电压极性反转会损害其绝缘性能。

潮流反转命令既可以由运行人员确认后手动启动，亦可以通过交、直流系统中某些安全自动装置自动发出，作为紧急功率支持的一种策略而自动实现。功率传送方向控制回路的设计，应当避免在运行中出现意外的功率传送方向变化。

如果直流系统选择了双极功率控制方式，且两极正在运行中，不允许只在一个极单独进行潮流反转，因为某一极的功率方向改变，会造成直流功率在两极之间环流。在双极功率控制方式下，如果两个极设定的功率方向不同，应禁止任何一个极启动。

六、直流输电系统调制功能

直流输电系统的调制功能是指利用直流输电系统所连交流系统中的某些运行参数的变化，对直流功率或直流电流、直流电压、换流器吸收的无功功率进行自动调整，充分发挥直流系统的快速可控性，用以改善交流系统运行性能的控制功能，这种调制功能亦称为直流输电系统的附加控制。一个直流输电系统是否需要设计某种调制功能，完全取决于它所连接的交流系统的需要，因而每个工程都可能不一样，常用的调制功能有功率提升（或回降）、频率控制、无功功率调制、阻尼控制、功率调制等。

1. 功率提升（或回降）

当受端（或送端）交流电网发生严重故障时，有可能要求直流系统迅速增大（或减小）输送的直流功率，支援受端（或送端）电网，以便使其尽快地恢复正常运行。这种调制功能也称为紧急功率支持。功率提升（或回降）功能的设计应考虑以下各项内容：

（1）应设置一定的功率提升（或回降）级别。

（2）控制装置应具有适当的接口，以便接收来自外部的信号，或者是从控制系统中提取的信号，去启动相应的提升（或回降）级别。

（3）功率提升（或回降）功能应作用于双极功率指令或电流指令，且使直流传输功率增加（或减小）到所选的提升（或回降）水平或增加（或减小）一个所选择的数量。其增长（或下降）速率应可调整，以适应交流系统变化的需要。

（4）无论在单极运行还是双极运行情况下，都应能使用功率提升（或回降）功能。

（5）单极运行时，无论该极处于功率控制方式下还是电流控制方式下，都应能使用功率提升（或回降）功能。

（6）双极运行时，如果是双极功率控制方式，或两个极都是电流控制方式，功率提升（或回降）所增加（或减小）的功率应在两极间均分，使流入接地极的不平衡电流不超过功率提升（或回降）前的水平。当一极为双极功率控制方式，另一极为电流控制方式时，功率提升（或回降）应尽可能由功率控制的极承担，电流控制的极不参与。

2. 频率控制

用直流输电线路连接两个没有同步联系的交流系统时，可以利用直流线路功率调节的快速性和方便性，担负交流系统频率调节的任务。通常有两种调节方式：

（1）送端或受端交流系统的频率调节；

（2）按频差比例调节两端交流系统的频率。

送端交流系统发电容量中，当有相当大的部分通过直流线路送给容量很大的受端系统时，可利用直流线路担负送端系统的调频任务。当送端为大系统，受端为小系统，而且直流输送功率与受端系统发电容量的比例足够大时，直流线路可用来承担受端系统的调频任务。

在直流输电线路作为两端交流系统联络线的情况下，一般采用第二种方式，利用直流输电参与两侧系统的频率调节。

实现频率调节的原理与功率调节相似，也是以定电流调节为基础，引入频率调节信号来改变电流的整定值，从而调节了直流输送功率，使被调节系统的频率保持定值或在允许的范围内。

3. 无功功率调制

借助换流器触发角的快速相位控制，改变换流器吸收的无功功率，来改善交流系统电压稳定性，也称为换相余裕调制或 γ 调制。伊泰普直流输电工程第一个采用了无功功率调制，葛—南直流工程也采用了无功功率控制或交流电压控制，用来调节与交流系统交换的无功，或保持换流站交流母线电压在给定的范围内。

4. 阻尼控制

直流输电系统功率的快速可控性还可用于阻尼控制，如阻尼所连交流系统中的次同步振荡、阻尼低频功率振荡等。太平洋联络线直流工程的小信号功率调制方案的研制和投入，就是为了解决美国西部系统的负阻尼振荡，该控制系统基于并联交流联络线的功率变化速率，调节信号值限制在 ±3% 。该调制的成功运行使得太平洋交流联络线输送功率从 2000MW 增加到 2500MW，产生了巨大的经济和节能效益。印度里汉得—德里直流工程中也考虑了用直流系统的调制作用来消除弱交流系统的低频振荡现象。

5. 功率调制

当直流输电线路与交流输电线路并联运行时，可以利用交流线路的某些运行参数的变化（如线路有功功率的增量）来调节直流线路的传输功率，改善并联交流线路的稳定性，提高其传输功率的能力。另外，对于两个相对较弱的交流电网，如果非同期互联的直流系统采用减小网间相角差的方式进行直流调制，可以有效地改善交流系统的稳定性，如悉尼背靠背直流工程、新西兰直流工程、纳尔逊河直流工程、斯奎尔比优特直流工程、CU直流工程和伊尔河背靠背直流工程等都考虑了利用功率调制改善与直流相连的某一端交流系统的稳定性。

所有直流输电调制功能均应纳入所处的交、直流混合系统的安全稳定控制系统统一考虑和研究。

七、直流输电运行人员控制

直流输电运行人员控制是为运行人员进行直流输电运行而设的控制、操作及监视功能。运行人员控制应包括在各控制点上的自动顺序控制操作，以及必要时在换流站内的就地手动操作。控制点通常包括远方调度中心、换流站控制室、就地站及设备就地。除了故障需要系统紧急停运或当失去站间通信等情况外，对于直流系统运行的控制，只能在一个控制点（主控站）上进行。运行人员控制应能在远方调度中心与换流站控制室之间进行遥控或现场控制的选择，在整流和逆变两换流站间进行主/从控制的选择，以保证其控制的单一性。对于站内控制室和启动就地站或者设备就地之间的控制选择，必须受到连锁控制的制约。直流输电运行人员控制主要有以下方面。

1. 正常启动/停运控制

高压直流系统的正常启动控制必须包括：① 主控站的选择；② 直流系统运行方式的选择；③ 直流控制方式的选择；④ 运行整定值的选择；⑤ 顺序控制的启动。正常停运控制则需在主控站启动正常停运顺序控制。

2. 高压直流系统的状态控制

除了正常启动和停运需由运行人员操作，启动换流站和极的顺序控制外，运行人员还应能进行手动操作，使高压直流系统能分段达到不同的状态，即：① 检修状态（直流系统各接地开关均处于合闸位置）；② 冷备用状态（换流站相关接地开关已断开，但换流器交、直流侧均未带电）；③ 热备用状态（直流系统交流侧带电，直流回路形成但换流器未解锁）；④ 运行状态（换流器解锁）；⑤ 试验状态（如直流线路空载加压试验、背靠背试验等）；⑥ 个别设备的维修状态，包括将某些设备退出自动顺序控制的控制范围，或者对某主、备通道进行选择等。

3. 运行过程中的运行人员控制

主要包括主控站/从控站的转换、主导极的转移、直流系统控制方式的在线转换、运行方式的转换操作、运行整定值（如直流电流或直流功率）及其变化率的改变、直流控制和保护系统中各种参数的在线检查、附加控制的投入/切除、直流控制主/备系统及通信主/备通道的在线手动切换、手动过负荷控制等。

4. 直流系统故障状态下的操作控制

主要包括报警或保护动作后的手动复归、某些情况下的紧急停运、主/备保护通道的手动切换、主/备通信通道的手动切换等。

5. 换流站内设备及其辅助系统的操作控制

除了自动控制外，在某些工况下，对换流站中的主设备或辅助设备还应设有运行人员的就地（包括就地站和设备就地）操作控制，如交直流开关场内断路器、隔离开关的分合、接地开关的分合、换流阀的主/备冷却系统的投切、控制楼/阀厅的消防系统和空调系统的控制操作、换流变压器消防系统操作、分接头的变换、站用电源主/备通道的切换等。

6. 直流系统的试验操作控制

运行人员控制应满足系统投运前的调试、检修后或更新改造后的系统和设备的调试控制要求，如零功率试验（换流器出口短路，但电流可达到额定电流的试验）和背靠背试验、直流线路的空载加压试验、直流控制保护系统信道的自检试验、各监测盘和所有试验仪表自检试验和复归等。

7. 交流系统的操作控制

运行人员应能在控制室以及就地站或设备就地，按操作票实行换流站中常规交流设备的操作控制。

8. 运行工况监视

监视包括直流系统运行参数的在线监视，如换流站交/直流主回路接线状态、传输的直流功率、直流电流、直流电压、换流器触发角、阀中晶闸管组件状态、换流站与交流系统交换的无功功率、换流变压器分接头位置、能量计费、保护动作信号、交/直流谐波监视等，还包括运行参数的定时打印及召唤打印、事件记录及报警、故障录波等。

八、直流输电顺序控制

直流输电顺序控制是直流输电控制系统中能依次完成一系列操作步骤的自动控制功能。控制系统的设计应保证当某顺序控制发生故障（如其供电电源瞬时消失）时，不会错误地发出改变状态的命令。当正在进行的自动顺序受阻（如某断路器拒动）时，顺序控制应自动终止，并向运行人员提示故障所在，以便运行人员及时发现并排除故障。为了增加控制的灵活性，在一个由顺序控制发出的顺序操作的任何阶段，都应允许运行人员干预，终止此自动操作，代之以手动控制操作或返回原起始状态。正在进行的顺序控制至少应向运行人员提供的信息有：正在进行的操作步骤和下一步要进行的操作步骤。直流输电顺序控制通常包括：

（1）阀组交流侧充电/断电。自动将每一阀组连接到换流母线上或从换流母线上切除的操作。

（2）换流站的连接/断开。根据直流系统运行方式的要求，完成换流器与直流极线、中性母线的连接或断开，各站中的各极应能分别进行操作。

（3）阀组的启动/停运。包括阀组的解锁及闭锁，以及使各站阀组启动同步的功能。当一个换流站的某一阀组被保护停运时，顺序控制应能自动将对端换流站的相应阀组也停运。

（4）金属回线/大地回线在线转换。在直流系统运行中，进行从单极大地回线运行到单极金属回线运行的转换操作，或从单极金属回线运行到单极大地回线运行的转换操作。

（5）双极导线的并联/解并联。在两极都停运的情况下，把两极导线并联到一极，或把并联的极线复原成单极线运行接线方式。

（6）直流滤波器投/切。对每一直流滤波器分支分别进行连接或者断开，将直流滤波器断开并接地的倒闸操作，不应使直流电流流入换流站接地网中。

（7）直流极线开路测试。对于大容量、长距离直流输电工程，由于直流线路很长，为了确保在直流线路检修之后或长期停运后，以及在投运前是完好的，应对直流极线进行加压检查。为此，在本站直流极线隔离开关闭合和对站直流极线隔离开关断开的情况下，直流输电控制系统应能对直流线路进行空载加压试验，控制系统应为每极提供自动执行下列顺序操作的功能：

1）解锁换流器，使直流线路带电。

2）按一定斜率把直流电压升至某预定的电压水平。此电压水平应能在零至额定直流电压之间任意调整。此斜率也应当可调。在直流电压上升过程中，应允许运行人员手动干预，中止电压上升过程，此时直流电压应停留在干预时刻所对应的直流电压值上。在此之后，应允许运行人员选择继续上升至预定电压或从此下降电压至零。

3）维持一定的时间，维持时间的长短应可调。

4）以一定斜率将直流电压降至零，此斜率也应可调，在直流电压下降过程中，也应允许运行人员手动干预，中止电压下降过程，此时直流电压应停留在干预时刻所对应的直流电压上。在此之后，应允许运行人员再次启动此顺序控制，将直流电压降至零。

5）闭锁换流器。

在进行极线开路试验时，应禁止对端换流站对应极的换流器解锁，并闭锁所有断线类保护以及直流欠压保护。对于双极直流输电系统，当一极运行时，另一极不仅应能在整流站进行极线开路试验，而且在逆变站也应能进行，以方便运行。

第四节 直流输电系统控制保护装置

由于直流系统的控制和保护之间关系密切，且在现代直流输电工程中，其控制和保护系统几乎都采用相同的硬件平台和软件平台，甚至集成在同一机柜之中，因此在本节中将直流系统的控制和保护装置一并叙述。

直流系统控制保护装置通常采用多套冗余配置，每套有自己的计算、测量、电源等。

一、控制保护装置核心处理器

晶体管及集成电路的出现，使控制保护性能得到了极大改善，直流输电控制保护的计算系统从模拟式发展到数字式。以微处理器为基础的电子计算机的发展，使得微机化的直流输电控制及保护系统得到广泛应用，并随着电子信息技术的高速发展而不断地更新换代。总的来说，处理器的计算速度越来越快，存储空间越来越大，并行运行的处理器越来越多。微处理器技术遍布直流系统各个设备的控制和保护，它包括极控、站控（交流场/直流场）、直流系统保护、换流变压器控制保护、交/直流滤波器控制保护、换流器冷却系统控制保护、站用电系统控制保护等。

二、测量装置

直流控制保护系统中的测量装置，是为了向控制保护系统提供必要的电气量或其他物理量输入信息，其主要包括以下几方面。

1. 直流电压测量装置

在换流站的直流开关场中，直流极母线和中性母线上都需要装设直流电压测量装置，用以测量直流极线电压及中性母线电压，向直流控制及保护系统提供信号。早期的高压直流工程所使用的直流电压测量装置主要有阻容分压器加隔离运算放大器型，随着光纤技术的进步，现在已能制造出光电型的直流电压测量装置，即将直流分压器的输出信号经电光转换后，用光缆送往主控制室。这种直流电压测量装置具有良好的抗电磁干扰性能。

直流电压检测装置的输出信号，既用于控制，又用于保护，如直流线路行波保护、直流欠压保护、直流回路开路保护等。其测量精度取决于控制要求，其测量范围则取决于保护要求。对于控制来说，直流电压测量装置的测量精度应与直流电压的控制精度相匹配，若后者设定为1%，则前者在最大稳态直流电压下应为0.2%或更好。对保护来说，直流电压测量装置的测量范围应足够大，在1.5倍额定直流电压时的精度应不低于10%。并且，对于正、负两种极性的被测直流电压都应满足以上要求。其暂态响应特性和频率响应特性也应满足控制保护系统的要求，测量系统的截止频率（-3dB）应高于10kHz。

2. 直流电流测量装置

在换流器高压侧及中性线侧出口（通常在穿墙套管中）、直流线路入口及接地极线路入口、直流滤波器高压端和中性端及接地的断路器等都应装设直流电流测量装置，向直流控制保护系统输出直流电流信号。

用于控制目的的直流电流测量装置，若电流控制精度为1%，则被测直流电流在短时过负荷电流以下时，其测量精度应不低于额定电流的0.2%。用于保护目的的直流电流测量装置，精度要求可低些，但也不应低于额定电流的2%，当被测电流为额定电流的300%时，其测量误差不应超过额定电流的10%。用于差动保护或双极电流平衡控制的直流电流测量装置，当被测电流在额定电流的1.5p. u. 以下时，其配合精度不应低于1%，暂态响应特性和频率响应特性也应满足控制保护系统的要求，测量系统的截止频率（-3dB）应高于10kHz。

直流电流测量装置有磁放大器型和光电型，前者已有丰富的运行经验，但测量信号容易受到干扰，后者是20世纪90年代开始应用的新技术，抗干扰能力很强。我国21世纪投产的直流工程已都采用了光电型直流电流测量装置。

3. 交流电压测量装置

在交流开关场中，除按常规装设的交流电压互感器外，在换流变压器进线侧还装有一只交流电压互感器，用以向换流器控制系统提供换相电压过零点信号，作为计算换流器触发角（α角）的计时参考点，向换流器提供触发同步信号。此同步信号一般取自换流变压器网侧交流电压。控制保护系统对此交流电压互感器的基本要求是要有很好的抗干扰能力。

用于测量目的的交流电压互感器，其精度应不低于0.2级，用于保护目的的交流电压互感器，其精度要求可以低一些。

4. 交流电流测量装置

在交流开关场中及各种滤波器回路中，需要装设各种不同规格的交流电流互感器，为换流站控制和保护提供信息。用于控制目的的交流电流互感器，其精度不应低于0.2级，用于保护目的的交流电流互感器，其精度可低一些，尤其在被测电流远大于额定电流值时。

5. 换流阀导通和关断点的测量

通常换流阀的导通和关断点的测量采用电磁型的微分电流互感器，这种微分电流互感器也可以用在直流线路故障定位系统中，以测量进入换流站的陡波前电压。

三、数据传送装置

在直流输电系统中，分布在换流站的各个控制保护设备之间需要相互传递有关信息，以保证直流系统的安全稳定运行。原先的信息传送采用专门的串行通道，在传送速度和冗余上有一定的限制，并且备品、备件易受制造厂的制约。采用通用的局域网技术，换流站分布控制的信息传送从专用电缆变成了局域网。采用市场很大的 Internet 网络器件，可以很好地克服了上述缺点。我国自天生桥—广州直流输电工程以来的直流输电工程，在站内的分布控制系统的信息交换都采用了局域网技术。

四、通信装置

在高压直流输电的两个换流站之间、各换流站与各自的调度所之间，都必须配备适当的通信设备，用以传递与直流线路运行相关的控制信息、保护动作信息、设备状态信息、运行参数测量信息、运行操作信息等。

为了保证双极中各极运行的独立性，通信系统应以极为基础进行配置。两极的通信系统在电气上和物理结构上都应予以分开，以便使各系统能够独立运行。需要传送的双极共用信息应尽可能少，必须传送的双极信号应通过各极的通道同时传送。对于每一极的通信系统，为保证可靠性，也应考虑信号通道多重化的要求。

1. 通信内容

为了保证直流输电系统的正常运行及事故处理，在两换流站之间有大量的信息需要传送。这些信息主要有：连续控制用的直流功率定值、直流电流定值、频率控制信号、阻尼控制信号；运行操作命令，如换流器解锁/闭锁、运行控制模式转换、保护连锁、直流电流限制值、直流功率限制值；状态显示信号，如断路器开/合位置、隔离开关开/合位置、变压器抽头位置；测量显示信号，如直流功率、直流电流、换流器触发角和关断角。此外，还有报警信号、话音信号、直流线路故障定位信号等。

在换流站与各级电力调度之间需要的通信内容主要是遥控信号、状态显示信号、测量显示信号、报警信号及语音信号等。

2. 通信速度要求

在两换流站间交换的信息，对通信速度的要求可分为两类，一类是要求速度很高的信息，如直流电流指令、紧急停运信号；另一类是速度可以慢些的，如各种状态显示信号、测量显示信号。

根据电流裕度控制原则，在任何运行方式下，都必须保持一定的电流裕度，即要保证整流侧的直流电流定值大于逆变侧的直流电流定值。在正常运行方式下，直流电流是由整流侧控制的，以主导站设在整流站为例，当要求增大直流电流时，主控器发出的电流改变指令立即送给整流侧电流调节器，因而直流电流可立即开始上升，故直流系统的电流响应时间仅为直流电流环路的响应时间，而与两站间通信时延无关。然而，如果要求减小直流电流，那么为了确保电流裕度，主控器发出的电流改变指令，必须先送往逆变侧，将逆变侧的电流定值减小，同时将逆变侧电流定值已经减小的信号再回送到整流侧。整流侧接收到由逆变侧发送回来的回报信号后，才能向其电流调节器发出减小直流电流的指令信号，实际直流电流才能开始下降。由此可见，当主导站位于整流侧而要求减小直流电流时，直流电流的响应时间包含了两站之间通信通道往返传送信号的时滞。如果主导站设在逆变侧，那么情况与上述又有些不同。在这种情况下，无论是要求增大电流还是减小电流，直流系统的电流响应时间都包含一次通信时滞。由此可见，两站间信号传送速度是影响直流系统控制响应的重要因素。

另一个需要在两换流站间尽快传送的信号是紧急停运信号。葛—南直流工程采用单独的 NSD41 通道传送此信号，实测通道时滞为 50~60m。三—常直流工程在调试时，实测保护动作的传送时间仅 10ms。

考虑到通信对直流输电控制的重要性，为了保证信号的可靠传输，要求信号的误码率低于 10^{-6}。每一个信号都应各自满足这个可靠性水平，而不是在与冗余信号通道上所传输的信号比较之后才达到这个水平。对于保护动作信号应有专门冗余的传送通道，不受其他信号干扰。

五、电源系统

控制保护系统通常由蓄电池系统直接供电，蓄电池通过站用交流电源浮充电运行。为了保证系统的可靠性，蓄电池及充电系统都应冗余配置。

第五节 控制系统的分层结构

一、控制系统的多重化

为了达到直流工程所要求的可用率及可靠性指标，直流输电控制系统都采用多重化设计。通常采用的有双通道设计，其中一个通道工作，另一个通道处于热备用状态。当工作通道发生故障时，切换逻辑将其退出工作，并自动切换到处于热备用状态的通道工作。也有些工程采用三通道设计，如我国葛洲坝—南桥直流输电工程、荆州—惠州直流输电工程，俄罗斯—芬兰背靠背工程等，都采用了三取二的设计。增加通道的数量，势必增加设备组件数量，使设备投资增加，且组件发生故障的概率增大。因此，通道数量不一定越多越好，一般双通道设计可以满足要求。

二、控制系统的分层结构

直流输电控制系统采用分层结构，即将直流输电换流站和直流输电线路的全部控制功能按等级分为若干层次。复杂的控制系统采用分层结构，可以提高运行的可靠性，使任一控制环节故障所造成的影响和危害程度降到最小，同时还可提高运行操作、维护的方便性和灵活性。其主要特征是：① 各层次在结构上分开，层次等级高的控制功能可以作用于其所属的低等级层次，且作用方向是单向的，即低等级层次不能作用于高等级层次；② 层次等级相同的各控制功能及其相应的硬、软件在结构上尽量分开，以减小相互影响；③ 直接面向被控设备的控制功能设置在最低层次等级，控制系统中有关的执行环节也属于这一层次等级，它们一般就近设置在被控设备附近；④ 系统的主要控制功能尽可能地分散到较低的层次等级，以提高系统可用率；⑤ 当高层次控制发生故障时，各下层次控制能按照故障前的指令继续工作，并保留尽可能多的控制功能。

按照层次结构的概念，直流系统中所有的控制装置，应该根据双极功能（最高级）、极功能、阀组功能（最低级）进行分组。为了减小故障影响范围，各控制功能应该放到尽可能低的层次上，特别是与双极功能有关的装置应减至最少，即把这些装置尽可能地分设到极功能层次中去。对于那些不能分设到极功能层次中的与双极功能有关的装置，放在双极层次上，但应进行耐故障设计，以便当发生任何单重电路故障时，不致使两个极都受到扰动。层次设计应注意使与一极有关的电路故障和测量装置故障，不会通过极间信号交换接口或其他控制层次间的信号交换接口，或通过装置的电源而转移到另一极。当双极中一极的控制装置因维修而退出运行时，不应导致正在运行的另一极任何控制模式受到限制或失效。因此，应当将极和阀组级的控制功能设计成使得装置因维修而退出运行时，对仍旧在运行的另一极设备的运行限制尽可能少，使其控制模式或特性不能用的时间尽可能短。

现代直流输电控制系统一般设有六个层次等级，从高层次等级至低层次等级分别为：系统控制级、双极控制级、极控制级、换流器控制级、单独控制级和换流阀控制级。直流输电控制系统的分层结构框图如图4-4所示。当每极只有一个换流单元时，为简化结构，极控制和换流器控制可以合并为一个级。当只有一回双极线路时，通常系统控制和双极控制合并为一级。在直流系统各换流站中，需指定其中的一个为主控制站，其他为从控制站。系统控制级和双极控制级设置在主控制站中，它通过通信系统发出控制指令，协调各换流站的运行。

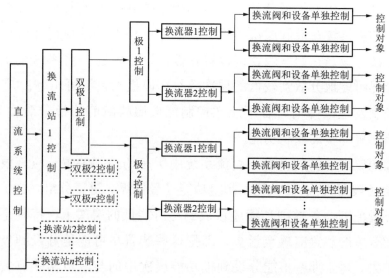

图4-4 直流输电控制系统分层结构图

1. 换流阀控制级

换流阀控制级是对各个阀分别设置的等级最低的控制层次，它由阀控制单元和晶闸管控制单元两个部分构成。其主要功能有：①阀控制单元将阀触发信号进行变换处理，经电光隔离（或磁）耦合或光缆送到晶闸管控制单元，再变换为电触发脉冲，经功率放大后分别加到各晶闸管组件的控制级触发晶闸管阀。当采用光直接触发的晶闸管换流阀时，由光缆将阀触发信号送到高电位直接触发晶闸管阀。② 对晶闸管及其组件的状态进行监测，包括阀电流过零点、晶闸管控制单元中直流电源的监视。监测信号经电隔离或光缆传送到阀控制单元，经处理后进行控制、显示、报警等。

2. 设备单独控制级

换流站中除换流器外，其他各设备分别设置了自动控制、操作控制和状态监测设备，与换流阀控制级同属于最低层次的控制级别。设备单独控制功能有：① 换流变压器分接开关切换控制；② 换流阀冷却及辅助系统的控制和监测；③ 直流和交流开关场各断路器、隔离开关的操作和状态监视；④ 直流滤波器组的投切操作和监测；⑤ 交流滤波器组和无功补偿设备的投切操作、自动控制和状态监测等。

3. 换流器控制级

换流器控制级是对直流输电一个换流单元的控制层次，用于控制换流器的触发相位，其主要控制功能有：换流器触发相位控制，定电流控制，定关断角控制，直流电压控制，触发角、直流电压、直流电流最大值和最小值限制控制以及换流单元闭锁和解锁顺序控制等。

4. 极控制级

极控制级为直流输电一个极的控制层次。双极直流输电系统要求一极故障时，另一极能够单独运行，并能完成主要的控制任务。因此要求两极各自的极控制级完全独立并设置尽可能多的控制功能。主控制站的极控制级还担负协调从控站同一极的极控制级工作的任务。极控制级的主要功能是：① 经计算向换流器控制级提供电流整定值，控制直流输电的电流，主控制站的电流整定值由功率控制单元给定或人工设置，并通过通信设备传送到从控制站；② 直流输电功率控制，其任务是根据功率整定值和实际直流电压值决定直流电流整定值。功率整定值由双极控制级给定，也可由人工设置，功率控制单元设置在主控制站内；③ 极启动和停运控制；④ 故障处理控制，包括移相停运和自动再启动控制、低压限流控制等；⑤ 各换流站同一极之间的远动和通信，包括电流整定值和其他连续控制信息的传输、交直流设备运行状态信息和测量值的传输等。

5. 双极控制级

双极控制级是同时控制两个极的控制层次，它用指令形式协调控制双极的运行，其主要功能是：① 根据系统控制级给定的功率指令，决定双极的功率定值；② 功率传输方向控制；③ 两极电流平衡控制；④ 换流站无功功率和交流母线电压控制等。

6. 系统控制级

系统控制级是直流输电控制系统中级别最高的控制层次，其主要功能是：① 与电力系统调度中心通信联系，接受调度中心的控制指令，向通信中心输送有关的运行信息；② 根据调度中心的输电功率指令，分配各直流回路的输电功率，当某一直流回路故障时，将少送的输电功率转移到正常的线路，尽可能保持原来的输电功率；③ 紧急功率支持控制；④ 潮流反转控制；⑤ 各种调制控制，包括电流调制和功率调制控制，用于阻尼交流系统振荡的阻尼控制，交流系统频率或功率/频率控制等。

第五章

直流输电的谐波特性

直流输电系统中的换流器是个谐波源。无论在换流变压器的网侧，还是在换流变压器的阀侧，电压和电流都不是交流正弦波，在换流器的直流侧也不是平滑的直流波形，它们都是周期性的非正弦波。这种周期性的非正弦波可分解为不同频率的正弦波分量，即由幅值较大的基波分量和幅值较小的谐波分量叠加而成。周期性的非正弦波的基波频率也就是交流系统的工频，谐波分量的频率是基波频率的整数倍，称 n 倍频率的谐波为 n 次谐波。在正常情况下，换流器在工频一个周期内换相的次数，称为脉动数，例如单桥和双桥三相桥式换流器的脉动数分别为 $p=6$ 和 $p=12$。脉动数为 p 的换流器，在直流侧主要产生 $n=kp$ 次谐波，在交流侧则为 $n=kp\pm1$ 次谐波（k 为正整数），这些主要的典型谐波称为换流器的特征谐波。除此以外的谐波均称为非特征谐波。

进入电网中的谐波分量过大，就会产生如下的不良影响：

（1）使交流电网中的发电机和电容器由于谐波的附加损耗而过热。

（2）对通信设备产生干扰，特别是对邻近的电话线路产生杂音。

（3）使换流器的控制不稳定。

（4）有可能引起电网中发生局部的谐振过电压。

减少换流器谐波的方法目前主要是采用增加脉动数和装设滤波器。但是对于高压直流系统中的换流器，普遍认为增加脉动数到 12 以上，将使换流站接线复杂，投资增加。所以在换流器的交流侧目前几乎都采用滤波器以限制交流谐波。而滤波器中的电容器也同时可提供换流器所需的部分无功功率。在换流器的直流侧，总是用相当大电感值的串联直流电抗器和直流滤波器来限制直流电压和电流中的谐波。

第一节 换流器交流侧的特征谐波电流

在分析换流器所产生的特征谐波时，通常假设换流器处于理想的换流状态，即交流系统为三相对称的电源，母线电压为恒定频率的理想正弦波，换流变压器各相的阻抗和变比完全相等，同一个 12 脉动换流器的 Yy 和 Yd 换流变压器组的阻抗和变比完全相等，换流桥中各阀依次以 1/6 基波周期等间隔触发开通，直流回路的电流为理想的直流。

一、当 $\mu = 0$ 时换流变压器阀侧电流的特征谐波

Yy 连接变压器交流线电流的波形见图 5−1（a）。

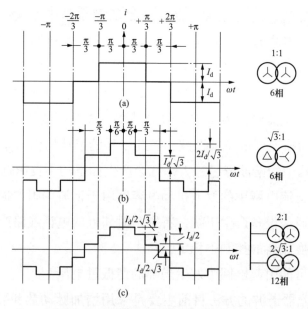

图 5−1 换流变压器网侧电流波形

（a）Yy 连接变压器交流线电流的波形；（b）Dy 连接变压器交流侧电流的波形；
（c）双桥换流器网侧线电流

对于这个波形，可用傅里叶级数展开成三角函数表达式

$$i = a_0 + \sum_{n=1}^{\infty} (a_n \cos n\omega t + b_n \sin n\omega t) \tag{5-1}$$

由于上述波形对纵轴对称，是一偶函数，所以 $b_n = 0$，同时，还因在一个周期内，横轴上方的面积与下方的面积相等，所以直流分量 $a_0 = 0$。傅里叶级数只有余弦项，所有余弦项的幅值为

$$a_n = \frac{2}{T} \int_{-T/2}^{T/2} i(t)\, \mathrm{d}t = \frac{2I_d}{n\pi}\left(\sin\frac{n\pi}{3} + \sin\frac{2n\pi}{3}\right) \tag{5-2}$$

用 n（为任意正整数）代入上式可得各次谐波的系数（对于偶次项及 3 和 3 的倍数项即 $n = 2$、3、4、6 等项为 0，$n = 1$、5、7、11、13 等项为 $\pm\sqrt{3}$），将 a_n 代入式（5-1），可得换流变压器阀侧线电流的表达式为

$$i_a = \frac{2\sqrt{3}}{\pi}I_d\left(\cos\omega t - \frac{1}{5}\cos 5\omega t + \frac{1}{7}\cos 7\omega t - \frac{1}{11}\cos 11\omega t + \frac{1}{13}\cos 13\omega t - \cdots\right)$$

$$\tag{5-3}$$

由式（5-3）可见，在 $\mu = 0$ 时换流变压器阀侧电流中，除基波电流外，只含有 $n = 6k \pm 1$ 次的谐波，而基波电流的幅值为

$$I_{1m} = \frac{2\sqrt{3}}{\pi}I_d = 1.103I_d \tag{5-4}$$

基波分量有效值为

$$I_1 = \frac{\sqrt{6}}{\pi}I_d = 0.78I_d \tag{5-5}$$

n 次谐波分量的有效值为

$$I_n = \frac{I_1}{n} = \frac{\sqrt{6}}{n\pi}I_d = \frac{1}{n}0.78I_d \tag{5-6}$$

二、当 $\mu = 0$ 时换流变压器网侧电流的谐波

如果换流变压器为 Yd 或 Dd 接线方式，并假设变比为 1，则换流变压器网侧线电流波形和阀侧相同，其傅里叶级数展开式均与式（5-3）

相同。

当换流变压器接成 Dy，且变比为 $\sqrt{3}:1$ 时，交流侧电流波形如图 5-1（b）所示，其傅里叶级数展开式为

$$i_{a(Yd)} = \frac{2\sqrt{3}}{\pi} I_d \left(\cos\omega t + \frac{1}{5}\cos5\omega t - \frac{1}{7}\cos7\omega t - \frac{1}{11}\cos11\omega t + \frac{1}{13}\cos13\omega t + \cdots \right)$$

$$(5-7)$$

式（5-7）和式（5-3）相比较，不同之处仅在于第5、7、17、19 等项（即 $n=6k\pm1$，且 k 为奇数时）的符号相反，其余项（即 k 为偶数时）符号相同，且每次谐波的幅值是相同的，两个波形的有效值仍相等。

三、双桥换流器网侧线电流的特征谐波

双桥 12 脉动换流器是由 2 台 6 脉动换流器组成的，并设各由一台换流变压器供电，其接法分别为 Yy 及 Dy，变比分别为 $2:1$ 和 $2\sqrt{3}:1$，其网侧电流波形图如图 5-1（c）所示。

两台换流变压器交流侧总电流应为式（5-3）和式（5-7）之和的一半。

$$i_a = \frac{2\sqrt{3}}{\pi} I_d \left(\cos\omega t - \frac{1}{11}\cos11\omega t + \frac{1}{13}\cos13\omega t - \frac{1}{23}\cos23\omega t + \frac{1}{25}\cos25\omega t - \cdots \right)$$

$$(5-8)$$

从式（5-8）可看出，交流侧线电流中只含有 $12k\pm1$ 次的谐波，而第5、7、17、19 等次谐波将在两台换流变压器的交流侧绕组中环流，而不进入交流电网。

以上分析是没有考虑换相角 $\mu=0$ 的情况，如果考虑到触发角 α 和换相角 μ，计算将变得极为复杂。实际计算只需从谐波电流 I_n 与基波电流 I_1 的百分数与 μ 和 α 的关系曲线中查取即可。图 5-2 给出了换流器网侧谐波电流与基波电流的比值与 μ 和 α 的关系曲线。图 5-3 还给出了换流器各次谐波电流幅值随换流器直流电流的变化规律。

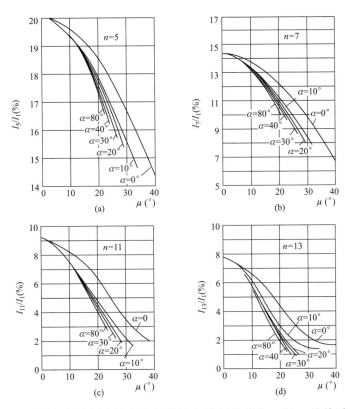

图 5 - 2　换流器网侧谐波电流与基波电流的比值与 μ 和 α 的关系曲线

（a） n = 5；（b） n = 7；（c） n = 11；（d） n = 13

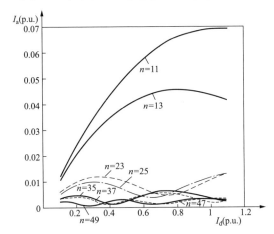

图 5 - 3　典型特征谐波电流幅值随换流器直流电流的变化规律

从图 5 - 2 和图 5 - 3 可以看出，谐波电流与换相角 μ、触发角 α 及直流电流的关系如下：

（1）换相角 μ 增大，谐波电流将下降，谐波次数越高，谐波电流下降得越快。

（2）在一定范围内，谐波电流下降的速度随 μ 角的增大而加快。

（3）每次谐波在 $\mu = 360°/n$ 附近时，谐波电流 I_n 下降到最小值，然后再略有增大。

（4）如果 μ 为定值，各次谐波电流随 α 的增大略有减小。

（5）在任何情况下，谐波电流有效值不会超过 $0.78I_d/n$。

（6）11 次和 13 次谐波幅值基本上随直流电流的增加而增加，最大的谐波幅值出现在额定直流电流附近。而较高次数的谐波幅值随直流电流的变化规律要复杂得多，最大幅值一般在额定直流电流的 50% ~ 80% 之间。

第二节　换流站直流侧的特征谐波电压

换流器在直流侧也会产生谐波。在正常情况下，直流输电换流器一般运行在接近理想状态，特征谐波是直流侧谐波的主体。分析换流器特征谐波的理想条件是：换流器交流母线电压为理想的三相对称正弦波，流过换流器的电流为理想的直流电流，换流器本身的参数三相对称，换流器的触发脉冲等距。

在上述理想条件下，在一个周波的每一阶段中，直流电压都是正弦波的某一部分。通过傅里叶分析，可以确定各次谐波电压的有效值为

$$U_m = \frac{1}{\sqrt{2}}(A^2 + B^2)^{1/2} \qquad (5-9)$$

谐波电压相位为

$$\varphi = \arctan(B/A) \tag{5-10}$$

其中

$$A = U_{d0}\left[\frac{\cos(n+1)\alpha + \cos(n+1)(\alpha+\mu)}{n+1}\right.$$

$$\left.-\frac{\cos(n-1)\alpha + \cos(n-1)(\alpha+\mu)}{n-1}\right]$$

$$B = U_{d0}\left[\frac{\sin(n+1)\alpha + \sin(n+1)(\alpha+\mu)}{n+1}\right.$$

$$\left.-\frac{\sin(n-1)\alpha + \sin(n-1)(\alpha+\mu)}{n-1}\right]$$

式中　U_{d0}——换流器的理想空载直流电压。

对于 6 脉动换流器，$n=6k$，其中 $k=1$，2，3，…，即 6 的整数倍；对于 12 脉动换流器，$n=12k$，即 12 的整数倍。图 5 – 4 和图 5 – 5 给出了一个 12 脉动换流器直流电压中 12、24 次谐波与触发角和换相角之间的关系。

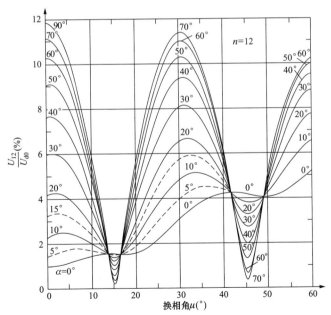

图 5 – 4　直流电压中的 12 次谐波

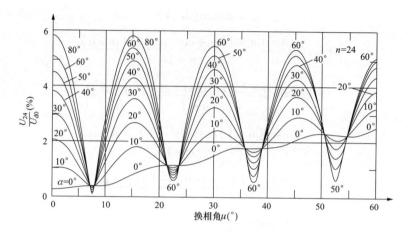

图 5-5   直流电压中的 24 次谐波

从以上两图可以看出，12 脉动换流器直流电压中的谐波电压和理想空载电压之比与换相角 μ 和触发角 α 的关系如下：

（1）μ 每隔 30° 出现一个 12 次谐波最大值，μ 为 0° 时谐波电压值最大。μ 每隔 15° 出现一个 24 次谐波最大值，μ 为 0° 时谐波电压值最大。

（2）各次谐波电压随 α 的增大而增大。

第三节   换流站的非特征谐波

前面在分析换流器交流侧和直流侧的特征谐波时所假定的一些理想条件，实际上是很难精确地完全满足的。因此，不仅各次特征谐波的大小和相位与理论上的大小和相位有差异，而且还会产生许多非特征谐波。换流器中低次的非特征谐波，一般比频率相近的特征谐波要小得多。通常对于低次的特征谐波，都各自装有滤波器予以减小或抑制。因此，在装有滤波器的电网侧或直流输电线路侧，低次的非特征谐波和频率与它相近的特征谐波分量的大小可能接近。对于高次的谐波，即使在滤波以前，特征谐波和非特征谐波分量的值都比较小，而且大致相等。无论是高次的特征谐波和高次的非特征谐波都很难利用计算公式算出准确的结果，因此通常都用测量方法求得。

产生非特征谐波最主要的原因是由于各阀的触发角 α 或触发的时间间隔不相等。而触发角 α 或触发时间间隔的不相等，一般是由于三相交流电压不平衡、电流调节器和触发控制装置不够完善所造成的。

一、换流器交流侧的非特征谐波

以一个 6 脉动换流器为例，假定组成上半桥的奇数阀被提前一个 $\Delta\alpha$ 角触发，而组成下半桥的偶数阀被推迟一个 $\Delta\alpha$ 角触发。在不计换相角时，换流变压器网侧的交流线电流仍由持续时间为 120° 的一系列交替的正负矩形脉冲所组成，但是一个正脉冲和一个负脉冲的总时间间隔比触发角相等时的数值增加了 $2\Delta\alpha$。

如果一列正脉冲和一列负脉冲之间的时间间隔没有任何偏差，并保持相等，则偶次谐波将完全消失。当计及换相过程时，电流波形将不是矩形脉冲，但上述关系仍是正确的。当两列脉冲之间的相位相对移动了 $2\Delta\alpha$，则 n 次奇次谐波的相位将相差 $2n\Delta\alpha$，而不是 0，n 次偶次谐波的相位将相差 $\pi - 2n\Delta\alpha$，而不是 π。因此线电流中的奇次谐波将等于阀电流中奇次谐波之和乘上 $2\cos(n\Delta\alpha)$，而线电流中将出现 $n\neq 6k$ 次的偶次谐波，并等于阀电流中这些偶次谐波之和乘上 $2\sin(n\Delta\alpha)$，在不计换相过程时，n 次偶次谐波对基波的比值为

$$\frac{I_n}{I_1}=\frac{2\sin(n\Delta\alpha)}{2n\cos(n\Delta\alpha)}\approx\Delta\alpha \qquad (5-11)$$

如果 $\Delta\alpha=1°$，则各偶次谐波对基波电流的标幺值近似地等于 $1/57.3=0.0174$。当计及换相过程时，各偶次谐波值还将进一步减小。

如果只有一相中的两个阀延迟或提前一个 $\Delta\alpha$ 角触发，而其余四个阀都被按时触发，则产生 3 的倍数次谐波，当 $\Delta\alpha$ 很小时，非特征谐波的幅值为

$$\frac{I_n}{I_1} = \frac{1.5k\Delta\alpha}{3k \cdot \frac{\sqrt{3}}{2}} = \frac{\Delta\alpha}{\sqrt{3}} \approx 0.577\Delta\alpha \tag{5-12}$$

如果 $\Delta\alpha$ 为 $1°$，则所有 3 的倍数次谐波的幅值约为基波电流幅值的 1%。在实际系统中，不能确定触发不对称的模式，因此可假定这两种模式同时存在，根据控制系统的最大可能误差 $2\Delta\alpha$，代入上述两式，求得偶次谐波和 3 的倍数次谐波的幅值。

二、换流器直流侧的非特征谐波

当一组单桥 6 脉动换流器在一个交流基波周期内各阀的触发角为 α 不相等时，由于触发角各不相等，因此直流电压内不仅含有 $n = 6k$ 次的特征谐波，而且也含有 $n \neq 6k$ 次的非特征谐波。

特征谐波可以按照触发角的平均值 α_p 以及相应的换相角平均值 μ_p 进行计算。非特征谐波与各个触发角 α_i 对 α_p 的偏差有关，即与 $\Delta\alpha = \alpha_i - \alpha_p$ 有关。通过触发角 α 或触发的时间间隔不等对换流器的 n 次非特征谐波的影响分析，可以得到以下结论：

（1）非特征谐波比主要的特征谐波小得多。

（2）换流器带负荷时的非特征谐波不会超过空载时相应的非特征谐波，这是由于电流增大，将导致换相角 μ 的增大。因此当换流器有负载时，触发角不相等使整流电压曲线发生畸变的程度比空载时要小。

（3）对于双桥 12 脉动换流器，整流电压中的非特征谐波不但与每组桥触发角的分散性有关，而且也与两组桥平均触发角之间的不相等有关。如同 6 脉动换流器一样，计及换相角时的非特征谐波也比不计换相角时的为小。

由以上讨论可知，为了减小换流器直流侧电压和交流侧电流中的非特征谐波，必须将触发角的误差限制在较小的合理范围内，显然这对触发角控制装置提出了较高的要求。

第四节　谐波的抑制

谐波对电力系统设备具有危害性，因此要求换流站应采取措施来抑制谐波。抑制直流输电系统中的谐波在理论上有两种方法：一是增加换流器脉波数；二是装设滤波器将谐波滤除。

增加脉波数可以抑制部分谐波，但这种方法的换流变压器接线复杂、经济性较差。而相对来说采用滤波器是比较有效的，本节主要介绍滤波器的方法。

一、对交流滤波系统性能要求

（一）电力系统电压畸变要求

1. 单次谐波畸变率 D_n（以百分比表示）

$$D_n = \frac{U_n}{U_1} \times 100\% \qquad (5-13)$$

式中　U_1——系统基波相电压有效值；

　　　U_n——所考虑的母线 n 次谐波相对地电压有效值。

2. 总谐波畸变率（THD）

$$THD = \sqrt{\sum_{n=1}^{N} D_n^2} \qquad (5-14)$$

式中　N——所考虑的最高谐波次数，取 $50 \sim 100$，我国一般取 $N=50$。

IEEE 和 IEC 电磁兼容标准对电压谐波畸变率进行了规定，其中 IEEE 标准要求更严，其要求值见表 5-1。

表 5-1　　IEEE 电磁兼容标准对电压谐波畸变率的推荐值

换流站母线电压水平（kV）	各次谐波畸变率（%）	总的谐波畸变率（%）
69 及以下	3.0	5.0
69～161	1.5	2.5
161 以上	1.0	2.0

电压畸变率的取值高低，直接决定滤波系统的造价。我国标准 GB/T 14549《电能质量　公用电网谐波》只对 110kV 及以下电网的谐波进行了规定，其中要求 110kV 电压总谐波畸变率为 2%，单次谐波畸变率，奇次为 1.6%，偶次为 0.8%。我国超高压直流换流站交流侧电压一般为 500kV，最低为 220kV，设计时一般选用 D_n 的范围为 0.5% ~ 1.5%，典型值为 1.0%。D_n 直接限制的是在较高直流功率下的主特征谐波（如 11 次或 13 次谐波）和 3 次谐波。THD 多选用 1% ~ 4%，没有明确的典型值。

（二）电话干扰

早期的电话系统都基于明线通信，易于受邻近电力或通信线路中音频电流的干扰而降低信噪比，影响通话质量。目前的电话通信系统已有重大改进，很多重要线路都已改为光纤通信，但明线通信仍然存在，尤其是电力线路通过的广大农村地区，情况更是这样。因此，在涉及谐波问题的规范和设计时，都要考虑电话干扰问题。

电话干扰的定义有两种：第一种基于换流站母线谐波电压水平，第二种基于连接到换流站交流线路中的谐波电流，这种电流通常是同一个走廊内的单回或多回线路的谐波电流的总和。

1. 基于母线谐波电压

（1）电话谐波波形系数（$THFF$）

$$THFF = \sqrt{\sum_{n=1}^{N}\left(\frac{U_n}{U}F_n\right)^2} \qquad (5-15)$$

$$F_n = p_n n f_0 / 800$$

式中　　U_n——畸变电压的 n 次谐波分量；

　　　　N——最高谐波次数；

　　　　p_n——听力加权系数；

　　　　f_0——基波频率，50Hz；

U——线对地电压有效值，值为$\left(\sum_{n=1}^{N} U_n^2\right)^{\frac{1}{2}}$。

（2）电话干扰系数（TIF）

$$TIF = \frac{\sqrt{\sum_{n=1}^{N}(U_n W_n)^2}}{U_1} \qquad (5-16)$$

$$W_n = 5C_n n f_0$$

式中　C_n——表示听力对频率敏感系统的值；

　　　f_0——基波频率。

2. 基于交流线路谐波电流

采用交流线路谐波电流定义的滤波性能指标，称为 IT 积，其定义如下

$$IT = \sqrt{\sum_{n=1}^{N}(I_n W_n)^2} \qquad (5-17)$$

采用基于母线谐波电压的方法便于规范和设计，而采用基于交流线路谐波电流的方法能更直接地反映谐波对电话通信线路的影响。我国一般采用的是 $THFF$。

二、对直流滤波系统的性能要求

直流线路的谐波电流通过电磁耦合对邻近的明线通信线路产生干扰，因此需要在换流站装设直流滤波器，将直流线路的谐波电流限制到允许水平。滤波性能指标通常用等效干扰电流表示。

等效干扰电流计算方法的基础是：线路上所有频率的谐波电流对邻近平行或交叉的通信线路所产生的综合干扰作用与流过单一等效导线的单个频率（800Hz）的谐波电流所产生的干扰作用相同，这个单频率谐波电流就称作等效干扰电流。计算等效干扰电流时不仅应考虑流过直流极导线和接地极线路的谐波电流，而且还应考虑感应到直流线路和接地极线路地线中的谐波电流。

由于双极平衡时两极线路中谐波电流互相抵消，对通信线路的干扰水平比单极方式低，因此首先要确定单极方式的滤波性能指标。根

据目前通信线路的现状，单极方式的等效干扰电流约为 800~1200mA。

　　在确定双极方式的滤波性能指标时，主要考虑同一滤波系统在单极和双极运行方式下谐波电流水平的比例。在采用 12 脉动直流滤波器模型时，由于干扰主要来自特征谐波，计算结果表明单极方式的干扰水平是双极方式的 3~4 倍。采用 3 脉动模型后，18 次等具有高听觉敏感频率的非特征谐波的幅值增大，计算和测量表明，单极方式的干扰水平约为双极方式的 2 倍。根据这一理论，双极方式的等效干扰电流约为 400~600mA。

三、交流滤波器

　　滤波器按其用途分为交流滤波器和直流滤波器，按其在主回路中的连接方式可分为串联滤波器和并联滤波器，按其阻抗特性可分为单调谐滤波器、双调谐滤波器和高通滤波器等。

　　串联滤波器必须通过主电路的全部电流，并对地采用全绝缘。并联滤波器滤波效果较好，通过的电流只是由它所滤除的谐波电流和一个比主电路中小得多的基波电流，其一端接地，绝缘要求低，交流并联滤波器除滤波外，其中的电容器还可同时向换流器提供无功功率。因此，高压直流系统中一般都采用并联滤波器。

　　（一）交流滤波器的接线与阻抗特性

　　1. 单调谐滤波器

　　这种滤波器是由电阻 R、电感 L 和电容 C 等元件串联组成的滤波电路，它在某一次谐波（或接近于该次谐波）频率下的阻抗最小。其接线和阻抗—频率特性如图 5-6 所示，其滤波器阻抗为

$$Z(f) = R + jX = R + j\left(2\pi fL - \frac{1}{2\pi fC}\right) \qquad (5-18)$$

　　决定滤波器参数的主要条件是额定电压下单台滤波器的基波无功容量 Q_n 和调谐频率 f_t，它们可由以下公式表示

$$Q_n = U_n^2 C(f_0) \qquad (5-19)$$

$$\mathrm{d}Z/\mathrm{d}f(f_t) = 0 \qquad (5-20)$$

求解式（5-19）和式（5-20），并通过解析公式可直接求得滤波器电容和电感参数。

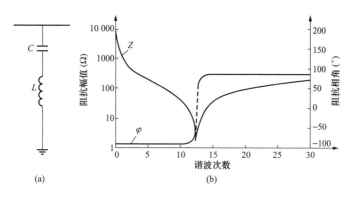

图 5-6　单调谐滤波器接线和阻抗—频率特性

（a）单调谐滤波器接线；（b）阻抗—频率特性

决定滤波器性能的另一个因素是滤波器的调谐锐度，可用品质因数 Q 来表示

$$Q = \frac{\sqrt{L/C}}{R} \qquad (5-21)$$

品质因数越大，滤波器在调谐频率下的阻抗越小，滤波效果越好，但对频率的偏移也更为敏感。为了克服这一缺点，常常在设计滤波器电感时有意降低其品质因数，当这种方法仍不能满足要求时，可以装设串联的小电阻。单调谐滤波器一般调谐在5、7、11、13次特征谐波频率上。这种滤波器的优点是结构简单，对单一重要谐波的滤除能力强，损耗低，且维护要求低。其缺点是低负荷时的适应性差，抗失谐能力低。由于12脉动换流器的广泛采用，消除了5次和7次的特征谐波，因此在最新的直流输电工程中一般不再考虑装设单调谐滤波器。

2. 双调谐滤波器

这种滤波器对两种谐波同时具有很低的阻抗，即可同时抑制两种特征谐波。其接线及阻抗频率特性如图5-7所示。

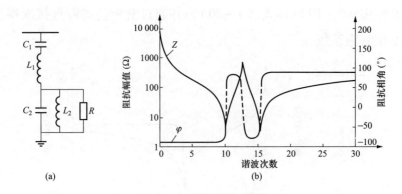

图 5 - 7 双调谐滤波器接线和阻抗—频率特性

（a）双调谐滤波器接线；（b）阻抗—频率特性

双调谐滤波器阻抗为

$$S_{\mathrm{p}} = G_{\mathrm{p}}(f) + \mathrm{j}C(f) = 1/R + \mathrm{j}\left(2\pi fC_2 - \frac{1}{2\pi fL_2}\right) \qquad (5-22)$$

$$Z_{\mathrm{p}}(f) = 1/S_{\mathrm{p}}(f) \qquad (5-23)$$

$$Z(f) = R + \mathrm{j}X = R_1 + \mathrm{j}\left(2\pi fL_1 - \frac{1}{2\pi fC_1}\right) + Z_{\mathrm{p}}(f) \qquad (5-24)$$

决定滤波器参数的主要条件是额定电压下单台滤波器的基波无功容量 Q_n 和调谐频率 f_{t1}、f_{t2} 以及介于两个调谐频率之间的并联回路调谐频率 f_{p}，它们可由以下公式表示

$$Q_n = U_n^2 C(f_0) \qquad (5-25)$$

$$\mathrm{d}Z/\mathrm{d}f(f_{t1}) = 0 \ \text{和} \ \mathrm{d}Z/\mathrm{d}f(f_{t2}) = 0 \qquad (5-26)$$

$$2\pi f_{\mathrm{p}}C_2 = 2\pi f_{\mathrm{p}}L_2 \qquad (5-27)$$

通过求解非线性方程组式（5-25）～式（5-27），可求得滤波器电容和电感参数。在计算中，假定电阻 R 已知，R_1 与 L_1 有一定的关系或直接忽略。滤波器选择的两个最重要因素是调谐频率的配对以及并联回路的调谐频率。双调谐滤波器的主要优点是：可以滤除两个特征谐波，比两个独立的单调谐滤波器损耗更低，只有一个处于高电位的电容器堆，便于解决低输送功率时的滤波问题；滤波器种类减少，便

于备用和维护。其缺点是：对失谐较为敏感，由于谐振的作用低压元件的暂态额定值可能较高，元件数较多，且常常需要两组避雷器。双调谐滤波器是目前采用最普遍的滤波器形式，通过调整电阻值可在很大频率范围内产生高频阻尼滤波作用。

　　3. 三调谐滤波器

　　三调谐滤波器的接线和阻抗—频率特性如图 5 - 8 所示，其滤波器阻抗为

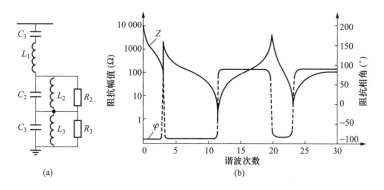

图 5 - 8　三调谐滤波器接线和阻抗—频率特性

（a）三调谐滤波器接线；（b）阻抗—频率特性

$$S_{p1}(f) = G_{p1}(f) + jC_{p1}(f) = 1/R_2 + j\left(2\pi fC_2 - \frac{1}{2\pi fL_2}\right) \quad (5-28)$$

$$Z_{p1}(f) = 1/S_{p1}(f) \quad (5-29)$$

$$S_{p2}(f) = G_{p2}(f) + jC_{p2}(f) = 1/R_3 + j\left(2\pi fC_3 - \frac{1}{2\pi fL_3}\right) \quad (5-30)$$

$$Z_{p2}(f) = 1/S_{p2}(f) \quad (5-31)$$

$$Z(f) = R + jX = R_1 + j\left(2\pi fL_1 - \frac{1}{2\pi fC_1}\right) + Z_{p1}(f) + Z_{p2}(f)$$

$$(5-32)$$

　　决定滤波器参数的主要条件是额定电压下单台滤波器的基波无功容量 Q_n 和调谐频率 f_{t1}、f_{t2}、f_{t3} 以及介于两个调谐频率之间的并联回路

的调谐频率 f_{p1} 和 f_{p2}，它们可由以下公式表示

$$Q_n = U_n^2 C(f_0) \tag{5-33}$$

$$\mathrm{d}Z/\mathrm{d}f(f_{t1}) = 0, \mathrm{d}Z/\mathrm{d}f(f_{t2}) = 0, \mathrm{d}Z/\mathrm{d}f(f_{t3}) = 0 \tag{5-34}$$

$$2\pi f_{p1} C_2 = 2\pi f_{p1} L_2, 2\pi f_{p2} C_3 = 2\pi f_{p2} L_3 \tag{5-35}$$

通过求解非线性方程组式（5-33）～式（5-35），可求得滤波器电容和电感参数。在计算中，假定电阻 R_2 和 R_3 已知，R_1 与 L_1 有一定的关系或直接忽略。三调谐滤波器与双调谐滤波器相比，其优点更加突出，缺点也更加明显。三调谐滤波器一个最突出的优点是小负荷下无功平衡方便，最大的缺点是现场调谐困难。目前在直流工程中已开始采用。

4. 二阶高通阻尼滤波器

二阶高通阻尼滤波器接线和阻抗—频率特性如图 5-9 所示。除需合理选择阻尼电阻值外，元件参数的选择与单调谐滤波器类似。这种滤波器是早期直流工程中常用的一种阻尼滤波器，目前已基本不再采用。

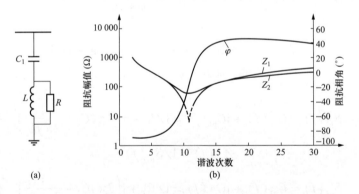

图 5-9　二阶高通阻尼滤波器接线和阻抗—频率特性

（a）二阶高通阻尼滤波器接线；（b）阻抗—频率特性

5. 三阶高通阻尼滤波器

三阶高通阻尼滤波器接线和阻抗—频率特性如图 5-10 所示。除需合理选择阻尼电阻值外，还需选择并联回路的调谐频率以确定元件参数。这种滤波器的基波损耗比二阶高通阻尼滤波器要低一些，但滤波

器的组成要复杂，滤波效果也略低于二阶高通阻尼滤波器。

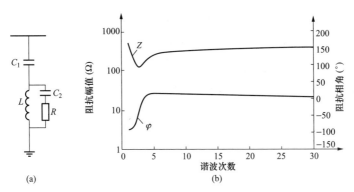

图 5 - 10　三阶高通阻尼滤波器接线和阻抗—频率特性

（a）三阶高通阻尼滤波器接线；（b）阻抗—频率特性

6. C 型阻尼滤波器

C 型阻尼滤波器接线和阻抗—频率特性如图 5 - 11 所示。这种滤波器是从三阶高通阻尼滤波器发展起来的，由于 C_2 和 L 构成的回路谐振于工频，基波电流几乎全部流经这一回路，进一步降低了基波损耗。决定这种滤波器元件参数的因素主要有基波无功功率、C_2 和 L 的谐振条件、谐振点的频率以及阻尼的要求。由于在指定的频率范围内增加足够的阻尼而损耗很小，目前这种滤波器在低次谐波滤波器中应用最为广泛。

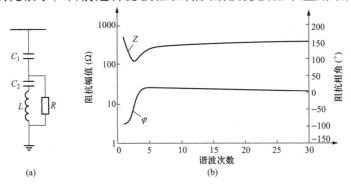

图 5 - 11　C 型阻尼滤波器接线和阻抗—频率特性

（a）C 型阻尼滤波器接线；（b）阻抗—频率特性

7. 双调谐高通阻尼滤波器

双调谐高通滤波器接线和阻抗—频率特性如图5－12所示。这种滤波器是通过在正常的双调谐滤波器高压电抗器旁边并联一个高频旁通电阻而成，具有广谱滤波和阻尼作用。但由于构成太复杂，性能与前述三类阻尼滤波器相比无显著优越性，因此应用不广泛。

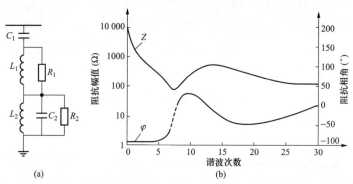

图5－12　双调谐高通滤波器接线和阻抗—频率特性

（a）双调高通阻尼滤波器接线；（b）阻抗—频率特性

（二）交流滤波器型式的选择

滤波器的基本型式未超出上述7类，在选择滤波器时，一般要考虑以下因素：

（1）交流系统的频率变化范围。一般说来，当频率变化范围大时，需要采用阻尼特性较好的滤波器型式，因为这种滤波器的滤波性能对频率的变化不敏感。

（2）对单次谐波电压、电流要求的限制。如果在性能要求中对单次谐波有较为严格的要求，则一般需装设调谐型滤波器。

（3）对THFF等要求的限制。如果在性能要求中对THFF等高频频谱敏感的指标有较为严格的要求，则一般需装设带高通的滤波器。

（4）直流低功率下无功平衡的限制。当直流低功率下无功平衡要求较为严格时，为了避免装设可投切的高压电抗器，需要尽量减少投入滤波器的组数，因此一般要采用双调谐甚至三调谐滤波器。

（5）滤波器型式和备品备件共享要求。如果规范要求中明确规定了型式数量和备品备件的要求，一般要采用双调谐甚至三调谐滤波器。

（6）滤波器额定值的要求。滤波器额定值的计算条件决定了同种滤波器数量的要求。一般而言，同种滤波器数量越多，因额定值要求而增加的费用越少。要增加同种滤波器数量，必须减少种类，因而需采用双调谐滤波器。

（7）交流母线电压水平。由于电容器堆的自身设计要求，使得交流母线电压越高，每堆的额定容量也必须相应提高，总的滤波器台数减少，因而需要采用双调谐滤波器。

（8）三次背景谐波水平和负序电压水平。当电网三次背景谐波水平和负序电压水平增高时，三次谐波指标将成为一个显著的限制因素。通常当负序电压超过1%时，需要装设调谐于三次谐波的 C 型滤波器。通过选择适当的 C 型滤波器电阻，对 5 次和 7 次谐波等也将起到较大的阻尼作用。

四、直流滤波器

（一）直流滤波系统构成

图 5 - 13 所示为双极直流输电工程一个极的直流滤波系统方框图，图中各部分对直流滤波的作用如下所述。

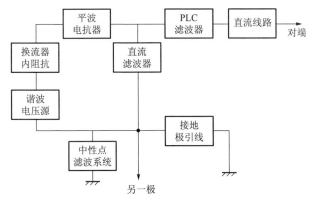

图 5 - 13 双极直流输电工程一个极的直流滤波系统方框图

1. 直流架空线路或电缆

直流架空线路或电缆主要按输送功率等问题设计，设计时不考虑滤波的要求。但直流架空线路本身具有的纵向阻抗和对地电容，对直流谐波有一定的限制作用。直流电缆除本身有屏蔽作用外，由于对地电容较大，对谐波有较大的限制作用。

2. 平波电抗器

对于谐波电流而言，平波电抗器是串接在主电流回路上的一个大阻抗，对谐波电流有一定的阻塞作用。但平波电抗器的参数是根据其他主要因素选取的，不会为滤波要求而改变。

3. 直流滤波器

对于具有架空线路的直流工程一般需要装设直流滤波器。直流滤波器是专门为降低流入直流线路和接地极引线中的谐波分量而装设的。直流滤波器一般连接于极母线和中性线之间。

4. 中性点滤波系统

中性点滤波系统是指安装在极中性点对地之间的低压设备，主要为通过换流变压器杂散电容入地的谐波电流提供就近的返回中性点的低阻抗通道。根据3脉动模型，良好的中性点滤波系统对降低整个直流系统的谐波水平有较明显的作用。中性点滤波系统有两大类：

（1）由电容、电感和电阻组成的滤波器，滤波效果最好，但存在占地大、成本高的缺点。对于合理选择的滤波性能指标，一般不需要采用。

（2）目前工程中广泛采用的是中性点电容器。这种电容器除参与滤波外，还能缓冲接地极引线落雷时的过电压。在采用12脉动模型时期设计的直流工程，中性点电容器的电容值通常只有几个微法，而在采用3脉动模型之后，一般采用数十微法或更大的电容值。

5. PLC滤波系统

有些直流工程采用PLC作为通信手段，因此两端需装设PLC滤波和耦合装置。最新的直流工程采用 OPGW 光纤通信，但为了防止由于换流器产生的 PLC 载波频域的噪声沿直流线路传输，干扰沿线交直流线路上的 PLC 载波信号，一般也安装 PLC 滤波器。PLC 滤波器的主要作用是滤除载波频域的信号，对直流滤波也有一定的帮助。

6. 换流器内阻抗

谐波电流流过换流器时，将遇到换流变压器阻抗的阻碍作用，这一阻抗需要在滤波器计算模型中考虑。通常考虑一个 12 脉动换流器的内电抗为

$$x = 4 \times (1 - \mu/60) X_1$$

式中　X_1——换流变压器每相电抗，Ω；

　　　　μ——换相角，（°）。

（二）　直流滤波器型式与参数

直流滤波器的型式不如交流滤波器那样多，常用的为双调谐滤波器和三调谐滤波器，其结构型式和阻抗频率特性与交流滤波器的相似（见图 5 - 7 和图 5 - 8）。

对于采用 12 脉动换流器的直流系统，其直流侧特征谐波为 12 的倍数。一般每个换流站的每一极安装 2 个双调谐滤波器（12/24 次和 12/36 次）或 1 个三调谐滤波器（12/24/36 次）。

在主电容 C_1 相同的情况下，2 个双调谐滤波器滤波性能优于 1 个三调谐滤波器。每极采用 1 个三调谐滤波器，正常运行时其滤波性能可以满足要求，但如果有一个滤波器退出运行，则直流侧谐波水平很高，等效干扰电流将超过允许值。每极采用 1 个双调谐滤波器（如 12/24 次），其直流侧谐波水平很高，等效干扰电流值非常大。

通过以上的分析及对 ±800kV 向家坝—上海直流输电工程的研究成果，特高压直流工程的直流滤波器型式可以采用两站每极 2 个双调谐滤波器或某一站采用每极 1 个三调谐滤波器，另一站采用每极 2 个双调谐滤波器。

第六章

高压直流输电换流站

第一节 换流站概述

换流站一次设备可以分为三个区域，即换流器区域、直流开关场区域及交流开关场区域。图6-1是高压直流换流站主要一次设备的典型构成图。

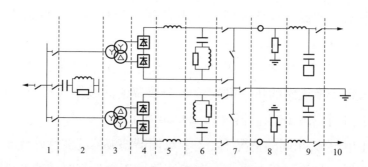

图6-1 高压直流换流站典型构成图

1—交流开关装置；2—交流滤波器和无功补偿装置；3—换流变压器；

4—换流阀；5—平波电抗器；6—直流滤波器；7—直流开关装置；

8—直流测量装置；9—电力载波；10—接地极及直流线路

（1）换流器区域包括换流变压器、阀及其辅助设备。

（2）直流开关场区域包括平波电抗器、直流滤波器、直流测量装置、直流隔离开关及断路器、电力载波滤波器等。

（3）交流开关场区域包括隔离开关及断路器、交流滤波器、无功补偿设备及交流测量装置。

换流站交直流侧避雷器较多，图6-1中未标示，详见《特高压直流输电技术丛书　特高压直流输电系统过电压及绝缘配合》。

除一次设备外，二次设备（控制与保护装置、远程通信装置）和辅助设施（站用电系统、空冷系统、水冷系统、消防系统等）也是换流站的重要组成部分。本章重点介绍换流站一次设备的接线及其布置，其设备特性在《特高压直流输电技术丛书　特高压直流电气设备》中详细介绍。

第二节　换流站主接线

一、换流器接线

现代高压直流工程均采用12脉动换流器作为基本换流单元，其接线方式如图6-2所示。实际直流输电工程有三种可能的换流器接线方式：① 每极1组12脉动换流器；② 每极2组12脉动换流器并联；③ 每极2组12脉动换流器串联，参见图6-2。

每极采用几组12脉动换流单元与以下因素有关：① 单个12脉动换流阀的最大制造容量；② 换流变压器的容量及运输限制；③ 分期建设的考虑；④ 可靠性及可用率；⑤ 投资考虑。而前两个因素往往是确定每极换流器组数的决定性因素。目前广泛应用的5in晶闸管换流阀，电流为3000A，每极用一个12脉动换流单元，额定电压为±500kV和±600kV的直流工程，双极输电容量分别可达3000MW和3600MW，此时需采用单相2绕组换流变压器，其运输重量和尺寸接近运输极限。如果要进一步提高输电容量，则必须采用每极两组12脉动换流单元串联或并联的接线。

每极两组12脉动换流单元串联或并联的接线，当设计容量相同时，

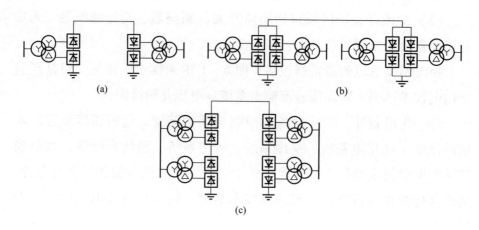

图 6 - 2　每极换流器的接线方式

（a）每极 1 组 12 脉动换流单元；（b）每极 2 组 12 脉动换流单元并联；

（c）每极 2 组 12 脉动换流单元串联

串联接线可提高电压，减小电流，前者损耗小于后者。采用串联方式时，换流器的控制比较简便，每个桥两端之间的绝缘要求较低，各个桥对地之间可以采取分段绝缘等，所以，大多数采用串联方式。我国建设的 ±800kV 直流工程，采用 6in 晶闸管，额定电流可达到 4000A 及以上，双极输电容量可达 6400MW 及以上，如每极用一个 12 脉动换流单元，即使采用单相 2 绕组换流变压器，单台容量也大于 600MW，其运输重量和尺寸将超过铁路和公路运输的限值，采用两组 400kV 12 脉动换流单元串联接线则是最佳选择。

从可靠性、可用率及投资来看，采用每极 1 组 12 脉动换流器明显优于每极 2 组，根据对 31 项每极 1 组的直流工程以及 5 项每极 2 组的直流工程的强迫能量不可用率（FEU）的统计，前者为 1.13%（平均值），而后者为 2.09%（平均值）。表 6 - 1 给出了这三种接线方式的投资估算。估算结果表明，在容量相等的情况下，每极 1 组 12 脉动单元的投资最小，每极 2 组 12 脉动单元并联投资最大。在高压大电流晶闸管工作电流已达 3000A 以上的今天，远距离直流输电不宜采用每极 2

组 12 脉动单元并联接线。

表 6 – 1　　　　　　　　　三种接线方式的投资估算

接线方式	每极 1 组 12 脉动单元	每极 2 组 12 脉动单元	
		串联	并联
阀及相关设备（含阀厅）投资（%）	100	120	150 ~ 180

　　由于每极 1 组 12 脉动换流器的方式具有接线布置简单、可靠性高、投资省的特点，若制造商具备生产制造能力，且运输通道不受限制，则应优先采用这种方式。对于特高压大容量输电则宜采用每极 2 组 12 脉动换流单元串联方式。

　　2 组换流器串联的接线方式，采用 2 组电压相等的 12 脉动换流器串联比采用 2 组电压不相等的 12 脉动换流器串联更优越。前者的换流变压器阀绕组及其套管、阀及其水冷系统、旁路断路器、阀避雷器等设备的主要参数相同，端子间的运行电压相对（与后者电压较高的 12 脉动换流器比）较低、对纵绝缘的要求较低、阀的悬吊空间较小等，这些有利于设备的制造、减少设备备用，降低建设费用。在运行中，当一组换流器故障或检修时，前者可以采用更多的换流器组合方式运行，如交叉运行方式等，对于无功补偿和滤波器的分组容量选择、分接头配合及控制等方面的限制因素较少，运行灵活性较高。

　　采用两组 400kV 换流器串联的 ±800kV 直流工程换流站原理接线如图 6 – 3 所示。±800kV 直流工程换流器采用每极由两组电压相等的 12 脉动换流单元串联，12 脉动换流器两端连接直流旁路断路器（QF）和隔离开关（QS），通过旁路断路器的操作，可以投入或退出该 12 脉动换流器，因此，使主回路有更多可选择的运行方式，提高了系统运行的灵活性和可用率。可供选择的运行方式有：完整双极运行方式、1/2 双极运行方式、3/4 双极运行方式、完整单极大地回路运行方式、1/2 单极大地回路运行方式、完整单极金属回路运行方式、1/2 单极金属回路运行方式。各种运行方式的组合如表6-2所示。

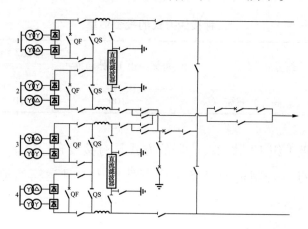

图6-3   ±800kV直流工程换流站原理接线图

表6-2   不同运行方式接线

序号	运行方式	换 流 器 接 线
1	完整双极	两站双极所有换流器都运行
2	3/4 双极	两站极1的换流器1退出，其他换流器都运行
3		两站极1的换流器2退出，其他换流器都运行
4		两站极2的换流器3退出，其他换流器都运行
5		两站极2的换流器4退出，其他换流器都运行
6		极1一个站的换流器1与对站的换流器2退出，其他换流器都运行
7		极1一个站的换流器2与对站的换流器1退出，其他换流器都运行
8		极2一个站的换流器3与对站的换流器4退出，其他换流器都运行
9		极2一个站的换流器4与对站的换流器3退出，其他换流器都运行
10	1/2 双极	两站换流器1运行
11		两站换流器2运行
12		两站极1的换流器1和极2的换流器4运行
13		两站极1的换流器2和极2的换流器3运行
14		极1一个站的换流器2与对站的换流器1、两站极2的换流器3运行

续表

序号	运行方式	换 流 器 接 线
15	1/2 双极	极 1 一个站的换流器 2 与对站的换流器 1、两站极 2 的换流器 4 运行
16		极 1 一个站的换流器 1 与对站的换流器 2、两站极 2 的换流器 3 运行
17		极 1 一个站的换流器 1 与对站的换流器 2、两站极 2 的换流器 4 运行
18		极 2 一个站的换流器 2 与对站的换流器 1、两站极 1 的换流器 3 运行
19		极 2 一个站的换流器 2 与对站的换流器 1、两站极 1 的换流器 4 运行
20		极 2 一个站的换流器 1 与对站的换流器 2、两站极 1 的换流器 3 运行
21		极 2 一个站的换流器 1 与对站的换流器 2、两站极 1 的换流器 4 运行
22	整极单极	两站完整极 1 大地回路运行
23		两站完整极 2 大地回路运行
24		两站完整极 1 金属回路运行
25		两站完整极 2 金属回路运行
26	1/2 单极	两站极 1 的换流器 2 大地回路运行
27		两站极 1 的换流器 1 大地回路运行
28		两站极 2 的换流器 4 大地回路运行
29		两站极 2 的换流器 3 大地回路运行
30		两站极 1 的换流器 2 金属回路运行
31		两站极 1 的换流器 1 金属回路运行
32		两站极 2 的换流器 4 金属回路运行
33		两站极 2 的换流器 3 金属回路运行
34		极 1 一个站的换流器 1 与对站的换流器 2 大地回路运行
35		极 1 一个站的换流器 2 与对站的换流器 1 大地回路运行
36		极 2 一个站的换流器 3 与对站的换流器 4 大地回路运行
37		极 2 一个站的换流器 4 与对站的换流器 3 大地回路运行
38		极 1 一个站的换流器 1 与对站的换流器 2 金属回路运行
39		极 1 一个站的换流器 2 与对站的换流器 1 金属回路运行
40		极 2 一个站的换流器 3 与对站的换流器 4 金属回路运行
41		极 2 一个站的换流器 4 与对站的换流器 3 金属回路运行

每极一个 12 脉动换流器的接线，只要出现一个 6 脉动换流器故障就要停运一个极。而在每极两个 12 脉动换流器串联接线中，从表 6 - 2 可以看出，只要同一极中存在一个完好的 12 脉动换流器，系统仍能运行，使系统可用率大为提高。

换流阀通常布置在户内，也有个别布置在户外的，如卡布拉巴萨直流输电工程的油冷阀以及 ABB 公司最近推出的户外阀。户内阀的布置可以是悬挂式，也可以是支撑式，前者抗振强度容易满足要求，得到广泛应用。目前我国的超高压直流输电工程均采用户内悬挂式结构。

悬挂式阀塔可以采用二重阀，也可以采用四重阀。采用二重阀布置时，每个阀厅内悬挂 6 个阀塔，如图 6 - 4 所示。这种布置阀与换流变压器的连接清晰、方便，可降低阀厅高度，但阀厅面积较大。四重阀布置的优缺点则与此相反。

图 6 - 4   户内悬挂式阀

二、换流变压器与换流阀连接

换流变压器通常采用紧靠阀厅布置方式，其阀侧套管直接插入阀厅。它的优点是：利用阀厅内良好的运行环境可减小换流变压器阀侧套管的爬距，避免了换流变压器阀侧套管的不均匀湿闪，节省了从换流变压器至阀厅电气引线的单独穿墙套管，提高了安全运行可靠性。但缺点是需增大阀厅面积。

对于超高压、大容量换流器，当采用单相双绕组的换流变压器时，对应每个阀厅有 6 台换流变压器，它们可采用一字形排列于阀厅的一侧，也可以排列于阀厅的两侧，阀侧套管在阀厅内接成 Y、△后与阀相连。换流变压器排列于阀厅的一侧，有利于交直流开关场的布置和接线，当阀采用二重阀悬挂式结构时，其优点更为突出，工程实例见图 6 – 5。

图 6 – 5　换流变压器单边插入阀厅布置

换流变压器一字形布置有两种方式：一是按 Y 绕组和△绕组接线排列，即 YA、YB、YC、△A、△B、△C 排列，这种方式阀厅内接线简单，但换流变压器网侧接线复杂，需设换流变压器专用母线；二是按相序排列，即按 YA、△A、YB、△B、YC、△C 顺序排列，网侧接线相对简单，但阀厅内接线相对复杂。

三、交流滤波器接入方式

高压直流换流站交流侧滤波器通常分成很多组，其接入系统的方式有以下四种：

（1）交流滤波器大组（即几个滤波器分组接在一个滤波器小母线上）直接接在换流站交流母线上（或接入 3/2 串中）；

（2）交流滤波器分组直接接在换流站交流母线上（或接入 3/2 串

中）；

（3）交流滤波器大组直接接在换流变压器的进线回路上；

（4）交流滤波器分组直接接在换流变压器单独的绕组上。

上述几种交流滤波器接入系统方式的接线见图6-6，其接入系统方式的特点见表6-3。

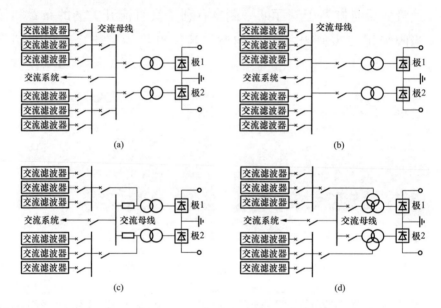

图6-6　交流滤波器接入系统方式示意图

（a）交流滤波器大组接母线；（b）交流滤波器分组接母线；

（c）交流滤波器大组接换流变压器；（d）交流滤波器接换流变压器单独绕组

表6-3　　　　　　不同交流滤波器接入系统方式的特点

序号	接入方式	特点
1	滤波器大组接母线	滤波器接线及主母线可靠性高，滤波器在双极间可互为备用，滤波器分组开关可选用负荷开关
2	滤波器分组接母线	投资较省，滤波器在双极间可互为备用。交流滤波器操作频繁，断路器故障率较高，会影响交流母线的故障率

续表

序号	接 入 方 式	特　　点
3	滤波器大组接换流变压器进线	滤波器按极对应性较好，但不能在双极间互为备用
4	滤波器分组接换流变压器单独绕组	可降低滤波器和开关造价，但换流变压器制造难度和费用增加

在实际工程中，交流滤波器接入系统的方式应结合交流开关场主接线的形式及布置等综合考虑之后确定。

四、直流开关场接线

双极直流输电工程直流开关场两极的设备相同，接线也完全相同。为了实现双极运行方式、单极大地回线方式和单极金属回线方式以及双导线并联大地回线方式等多种运行方式之间的转换，需在中性母线上装设相应的转换开关设备。在实际工程中，转换开关常常只在一个换流站（如整流站）中装设。典型的双极直流开关场接线见图6-7。

直流开关场一般采用户外设备，布置在阀厅的前面或后面，两极设备为对称布置，中性母线设备在两极之间，如图6-8所示。由于直流设备积污比交流的严重，在污秽严重地区，也有将极线设备布置在户内的，如政平换流站即采用户内直流开关场布置，其直流滤波器低电位部分（电抗器及以下设备）仍放在户外。

直流开关场设备与阀的连接有两种方式，与平波电抗器的型式有关。当采用干式平波电抗器时，通过阀厅穿墙套管与阀相连，这种方式的缺点是阀厅穿墙套管采用水平布置，容易在不均匀淋雨时发生闪络；采用油浸式平波电抗器时，其套管直接插入阀厅与阀相连，如图6-9所示。

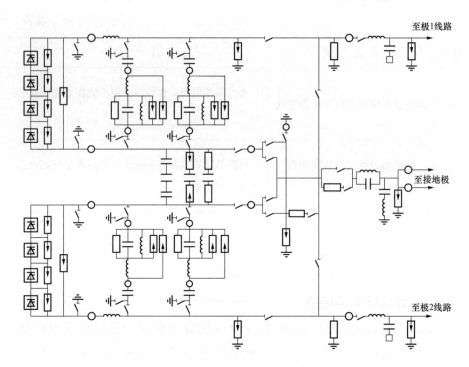

图6-7　典型的双极直流开关场接线

图6-8　户外直流开关场布置图

图 6 – 9 油浸式平波电抗器与阀的连接

第七章

直流输电接地极及其线路

接地极及其线路是直流输电系统中的一个重要组成部分。在双极运行时，地中无电流，接地极起钳制换流器中性点电位的作用，在双极不对称方式和单极大地回线方式运行时，不但起着钳制换流器中性点电位的作用，而且还为直流电流提供通路。当接地极通过电流时，会对周围环境产生影响。

第一节　对接地极的要求

一、接地极地电流对环境的影响

直流电流持续、长时间地流过接地极会产生电磁效应、热效应和电化效应，对环境产生影响。

1. 电磁效应

当强大的直流电流经接地极注入大地时，在极址土壤中形成一个恒定的直流电流场，并伴随着出现大地电位升高，对极址附近以及电流通道上的设施（包括地下设施）和人畜的安全带来影响。

（1）直流电流场会改变接地极附近大地磁场，可能使得依靠大地磁场工作的设施（如指南针）在极址附近受到影响，不能正确工作。

（2）大地电位升高，可能会对极址附近地下金属管道、铠装电缆、具有接地系统的电气设施（尤其是电力系统）等产生负面影响。因为这些设施往往能给接地极入地电流提供比土壤更好的泄流通道。如位于地电流通道上的两个变压器中性点接地的变电站，它们之间会有电位差，直流电流将会通过大地、交流输电线路，由一个变电站（变压器中性点）流入，在另一个变电站（变压器中性点）流出。当变压器绕组中有直流电流流过时，直流电流的偏磁作用可能引起变压器铁芯磁饱和，导致变压器噪声增加、损耗增大和温升增高，影响变压器的正常运行。如果接地极离铁路太近，直流地电流也可能对铁路系统的信号和电气化铁路的供电系统带来影响。

（3）大的入地电流在极址附近地面出现跨步电压和接触电动势，可能会影响到人畜安全。因此，为了确保人畜的安全，必须将其控制在安全范围之内。

（4）接地极引线（架空线或电缆）是接地极的一部分，它与换流站相连。在选择极址时，应对接地极引线的路径进行统筹考虑。直流输电工程几乎都是采用 12 脉动换流器，此换流器除了产生持续的直流电流外，还将产生 12、24、36 等 12 倍数的谐波电流。在单极大地回线方式运行时，换流器产生的谐波电流将全部或部分地（当换流站中性点加装电容器或滤波器时）流过接地极引线。这种谐波电流形成的交变磁场，将可能干扰通信信号系统。为减少接地极架空线路上的谐波电流对通信系统的电磁干扰，其最有效的方法之一是使架空线路远离通信线路。

2. 热效应

接地极在通过直流电流时，电极温度将升高。当温度升高到一定程度时，土壤中的水分可能被蒸发掉，土壤的导电性能将会变差，电极将出现热不稳定，严重时将可使土壤烧结成几乎不导电的玻璃状体，电极将丧失运行功能。影响电极温升的主要土壤参数有土壤电阻率、热导率、热容率和湿度等。因此，对于陆地（含海岸）电极，希望极址土壤有良好的导电和导热性能，有较大的热容系数和足够的湿度，这样才能保证接地极在运行中有良好的热稳定性能。

3. 电化效应

众所周知，当直流电流通过电解液时，在电极上便产生氧化还原反应，电解液中的正离子移向阴极，在阴极和电子结合而进行还原反应；负离子移向阳极，在阳极给出电子而进行氧化反应。大地中的水和盐类物质相当于电解液，当直流电流通过大地返回时，在阳极上产生氧化反应，使电极发生电腐蚀。电腐蚀不仅仅发生在电极上，也同样发生在埋在极址附近的地下金属设施和电力系统接地网上。此外，在电场的作用下，靠近电极附近土壤中的盐类物质可能被电解，形成自由离子。譬如在沿海地区，土壤中含有丰富的钠盐（NaCl），可电解成钠离子和氯离子。这些自由离子在一定的程度上将影响到电极的运行性能。

二、对极址的要求

为减小和避免接地极对环境的影响，极址一般应具备以下条件：

（1）距离换流站要有一定距离，但不宜过远，通常在 10～50km 之间。如果距离过近，则换流站接地网将通过较多的地电流，影响电网设备的安全运行和腐蚀接地网。如果距离过远，则会增大线路投资和造成换流站中性点电位过高。此外，极址对 220kV 及以上电压等级的交流变电站直线距离不应小于 10km。

（2）接地极址宜选择在远离城市和人口稠密的乡镇，交通方便，没有洪水冲刷和淹没，接地极线路应在走线方便的空旷地带。由于海水电阻率比陆地土壤电阻率低很多，因此在有条件（如换流站与海岸的距离小于 50km 且海洋环境条件允许）的地方，一般宜优先考虑采用海洋或海岸接地极。

（3）有宽阔且导电性能良好（土壤电阻率低）的大地散流区，特别是在极址附近范围内，土壤电阻率应在 $100\Omega \cdot m$ 以下。这对于降低接地极造价，减少地面跨步电压和保证接地极安全稳定运行起着极其重要的作用。

（4）土壤应有足够的水分，即使在大电流长时间运行的情况下，土壤也应保持潮湿。表层（靠近电极）的土壤应有较好的热特性（热导率和热容率高）。接地极尺寸大小往往受到发热控制，因此土壤具有好的热特性，对于减少接地电极的尺寸是很有意义的。

（5）接地极埋设处的地面应该平坦，这不但能给施工和运行带来方便，而且对接地极运行性能也带来好处。

（6）接地极引线走线方便，造价低廉。

三、接地极的技术要求

接地极必须满足系统运行条件、使用寿命、最大允许跨步电压及土壤最大允许温升的限值要求。

1. 系统运行条件

系统运行条件包括接地极的极性、通过接地极的电流大小和时间。

（1）接地极极性。接地极的极性应满足系统运行和环保要求。直流系统在单极大地回线方式运行时，接地极的极性一般是一端为正（阳）极，另一端为负（阴）极。对于单极直流输电工程，这种极性往往是固定不变的。对于双极直流输电工程，一般由于允许一极先建成投运，极性也是固定的，待双极建成投产后，极性通常不固定，极性随系统运行需要而变化，它取决于地中电流方向，即两极电流之差的方向。对于双极直流输电工程在单极大地回线方式运行时，其接地极的极性取决于运行极的极性，如在正极运行时，送端换流站接地极为负（阴）极，受端换流站接地极为正（阳）极，在负极运行时情况正好相反。

接地极在阳极运行时会产生腐蚀，因此接地极寿命应按阳极运行的时间确定。

（2）通过接地极的电流大小和时间。

1）正常额定电流。正常额定电流系指直流系统以大地回线方式运行时，流过接地极的最大正常工作电流，它等于系统额定电流。对于单极大地回线直流工程，其持续运行时间与直流系统运行时间相同。对于双极直流工程，在额定电流下运行的时间包括：建设初期先建成的一极以大地回线方式运行的时间，双极投运后，计划停运和强迫停运一极运行的时间。

2）最大过负荷电流。一般直流系统最大过负荷电流为额定电流的1.1倍，持续时间一般为2h。

3）最大短时电流。最大短时电流系指当直流系统发生故障时，流过接地极的暂态过电流。最大短时过电流一般取正常额定电流的1.5倍左右，持续时间为3～10s，其值由系统设计规范确定。

4）不平衡电流。不平衡电流系指两极电流之差。对于双极对称运行方式，在理想情况下，没有电流流过接地极。但实际上，由于触发角和设备参数的差异，也有不平衡电流流过，其值可由控制系统自动控制在额定电流的1%之内。当双极电流不对称运行时，流过接地极的电流为两极运行电流之差，可取两极不对称运行的额定电流之差。

2. 使用寿命

接地极一般应按一次性建成投产进行设计，其设计寿命应与直流输电系统换流站相同。如无可靠资料，接地极设计寿命宜不少于30年。

影响接地极使用寿命的主要因素是馈电材料的电腐蚀。根据法拉第（Faraday）电解作用定律，阳极电腐蚀量不但与材料有关，而且与电流和作用时间之乘积成正比。因此，接地极的寿命采用以阳极运行的电流与时间之乘积（安培·小时或安培·年）来表示。

在计算接地极阳极运行安时数时，应按接地极寿命期内可能出现的各种单极运行方式计算，即按单极额定运行、一极计划和强迫停运时另一极运行以及双极不平衡运行时的电流乘时间之和（累积）计算。

应该指出，按上述方法计算得到的寿命，只是用于设计的预期计算值，而在实际运行中，往往并不严格按设计时规定的运行方式运行。因此，为了确保接地极在规定的运行年限里正常运行，在接地极设计时应留有一定的裕度。

3. 最大允许跨步电位差

最大允许跨步电位差应满足下式要求

$$E_{my} = 5 + 0.003\rho_s \qquad (7-1)$$

式中　E_{my}——地面最大允许跨步电位差，V/m；

ρ_s——表层土壤电阻率，$\Omega \cdot m$。

如地面任意点最大跨步电位差不满足式（7-1）要求，应采取隔离措施。

4. 其他技术要求

（1）最大允许接触电位差亦应满足式（7-1）要求。

（2）在正常额定电流下，地面转移电势对于通信系统应不大于60V。

（3）对靠近鱼塘的接地极，正常额定电流下，水中任意点的电场强度不大于1.25V/m。

（4）在任何情况下，接地极任意点的最高温度必须低于水的沸点。

（5）接地电极馈电元件宜分成若干段，任意一段退出（检修）或任意一根导流线断开，不影响接地极安全运行。

第二节　接地极型式及其布置

目前世界上已投入运行的直流工程接地极可分为两类：一类是陆地电极，另一类是海洋电极。陆地电极和海洋电极由于它们面对的极址条件不同，因而其电极布置方式也不相同。

一、陆地电极

陆地接地极主要是以土壤中电解液作为导电媒质，其敷设方式分为两种型式：一种是浅埋型，也称沟型，一般为水平埋设；另一种是垂直型，又称井型电极，它是由若干根垂直于地面布置的子电极组成。

陆地电极馈电棒一般采用导电性能良好、耐腐蚀、连接容易、无污染的金属或石墨材料，并且周围填充石油焦炭。

水平埋设型电极埋设深度一般为数米，充分利用表层土壤电阻率较低的有利条件。因此，浅埋型电极具有施工运行方便、造价低廉等优点，特别适用于极址表层土壤电阻率低、场地宽阔且地形较平坦的情况。

垂直型电极底端埋深一般为数十米，少数达数百米。如在瑞典南部穿越波罗的海直流电缆输电工程中的试验电极，采用了深井型电极，其端部埋深达550m。垂直型电极最大的优点是占地面积较小，且由于这种电极可直接将电流导入地层深处，因而对环境的影响较小。垂直型电极一般适用于表层土壤电阻率高而深层较低的极址或极址场地受到限制的地方。这种形式的接地极存在施工难度大、运行时端部溢流密度高和产生的气体不易排出等问题。此外，由于子电极之间是相对独立的，显然若将这些子电极连接起来，则无疑会增加导（流）线接线的难度。

二、海洋电极

海洋电极主要是以海水作为导电媒质。海水是一种导电性比陆地更好的回流电路，海水电阻率约为 $0.2\Omega \cdot m$，而陆地则为 $10 \sim 1000\Omega \cdot m$，甚至更高。海洋电极在布置方式上又分为海岸电极和海水电极两种。

海岸电极的导电元件必须有支持物，并设有牢固的围栏式保护设施，以防止受波浪、冰块的冲击而损坏。在这些保护设施上设有很多孔洞，保证电极周围的海水能够不断循环地流散，以便电极散热和排放阳极周围所产生的氯气与氧气。海岸电极多数采用沿海岸直线形布置，以获得最小的接地电阻值。

海水电极的导电元件放置在海水中，并采用专门支撑设施和保护设施，使导电元件保持相对固定和免受海浪或冰块的冲击。如果仅作为阴极运行，采用海水电极是比较经济的。如果运行中因潮流反转需要变更极性，则每个接地极均应按阳极要求设计，并应考虑因鱼类有向阳极聚集的习性而受到伤害的预防措施。

由于海洋电极比陆地电极有较小的接地电阻和电场强度，因而在有条件的地方海洋电极得到了广泛采用。在设计时，应考虑阳极附近生成氯气对电极的腐蚀作用，选择耐氯气腐蚀的材料作为电极材料。

三、电极形状

接地极电极形状较典型的有垂直形、星形（直线形）、圆环形（单圆环形、多圆环形和椭圆形）等，如图 7－1 所示。

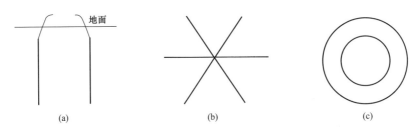

图 7－1　典型电极形状示意图

（a）垂直形；（b）星形；（c）圆环形

1. 垂直形电极

垂直形电极一般是由若干根依地形要求垂直布置的子电极组成。电极运行特性取决于子电极布置形状、长度和根数等因素。

（1）当一根根子电极布置成圆环形状，每根子电极可以获得相同的电流。否则，就有可能出现某些子电极得到的电流较大，而另一些子电极得到的电流较小，比如当子电极布置成直线形状时，就可能出现位于端部的子电极得到的电流大大地高于其他子电极。因此，为了获得比较好的电流分布特性，充分发挥每一根子电极的作用，在条件允许的情况下，子电极应尽可能布置成圆环形。

（2）不同的子电极长度及其数目对电极运行特性也会产生明显的影响。随着子电极数目的增加，电流不均匀系数明显增加，接地电阻虽然有所降低，但降低速度逐渐减慢。当子电极长度和数量一定时，电流不均匀系数和接地电阻将随着布置的半径增大而减小。一般来讲，子电极长度应根据地质条件确定，但不宜过长，一般不超过50m。

2. 星形电极

星形电极是由若干根埋在地下成放射状布置的子电极组成。在通常情况下，星形电极的电流分布是很不均匀的，如果不断地增加电极分支数，则电流不均匀系数会进一步增加，接地电阻只是逐步降至某一定值。所以，过多地增加电极分支数是不经济的，电极分支数一般不超过6个为宜。

星形电极端部的溢流密度往往要高出平均值数倍。为了降低端部的溢流密度，可以在其端部加装一个大小合适的屏蔽环——圆弧状屏蔽电极。经模拟分析结果表明，加装屏蔽环后的星形电极，电流分布特性得到了明显改善，从而大大地提高了接地极运行特性。

3. 圆环形电极

圆环形电极有单圆环形和多圆环形，多圆环形应同心布置，这样可达到同一圆环电极上溢流密度处处相等。圆环的数量应根据技术经济比较后择优选择。一般来讲，如果土壤电阻率较高，入地电流大并且时间长，则宜采用双圆环或多圆环电极，否则可采用单圆环电极。应该指出，过多地增加圆环数量是不经济的，通常不要超过两个圆环。

当采用双圆环电极时，两圆环半径大小配合要适当。接地电阻并非是随着内环增大而不断降低，而是当内环直径与外环直径的比值为0.7左右（土壤电阻率值有影响）时，可获得最小的接地电阻。

上述三种电极形状，在相同的电极长度下，星形电极的接地电阻较低，但电流分布不均匀，在平均溢流密度相同的情况下，其最大跨步电压明显高于圆环形电极，跨步电压过高，则必须采取措施——增大电极尺寸或增加埋设深度或增设栅栏等。在相同的平均溢流密度情况下，星形和垂直形电极的热时间常数明显低于圆环形电极。热时间常数越小，表明电极温度上升速度越快，也就是说在相同的电流和作用时间下，电极温度上升越高，对接地极安全运行越不利。因此，在场地允许的情况下，一般应优先选择单圆形电极，其次是多个（两个及以上）同心圆环形电极。在场地条件受到限制而不能采用圆环形电极的情况下，也应尽可能地使电极布置得圆滑些，尽量减少圆弧的曲率。如果地形整体性较差（如山岔），则可采用星形（直线形）电极。如果端部溢流密度过高，则可在端部增加一个"屏蔽环"，特别是如果出现电极埋设层土壤电阻率高于相邻土壤层时，可采用星形电极，可能获得比较均匀的电流分布特性。

四、电极尺寸

电极尺寸系指接地电极总长度、焦炭断面边长和馈电元件直径。确定三者尺寸的原则是：在正常额定电流持续作用下，接地极任意部位最高温度不应超过水的沸点；在最大暂态电流下，地面任意点最大跨步电位差不得大于其允许值；在设计寿命期间，考虑腐蚀后馈电元件应满足载流要求。具体尺寸应根据系统条件和极址条件按 DL/T 5224—2005《高压直流输电大地返回运行系统设计技术规定》确定。

第三节 接 地 极 材 料

接地极材料包括接地极馈电（散流）材料和活性填充材料，前者的作用就是将电流导入大地，后者的主要作用是保护馈电材料，提高接地极使用寿命，改善接地极发热特性。活性填充材料一般仅用于陆地接地极和海洋接地极。

一、馈电材料

直流接地极在外加直流电压和上千安培的直流电流长时间地通过电极的情况下，金属材料会逐渐熔解损失，并且数量往往是惊人的。

因此，为了提高接地极运行的可靠性和接地极使用寿命，接地极材料应具有强的耐电腐蚀性能。除此以外，由于接地极又是一个庞大的导电装置，接地极材料应有好的导电性能，且加工（焊接）方便，来源广泛，综合经济性能好，运行时无毒、污染小。

迄今为止，成功地用于直流输电接地极中的馈电材料有铁（钢）、石墨、高硅铸铁、高硅铬铁、铁氧体和铜等。

1. 铁（钢）

碳钢分为低碳钢（含碳量 <0.25%）、中碳钢（含碳量为0.25% ~ 0.6%）和高碳钢（含碳量 >0.6%）三种。经研究结果表明，碳钢直接放在土壤中的平均电腐蚀率约 9kg/(A·年)。碳钢含碳量低，抗电解腐蚀性能较强，但差别并不十分明显。

试验结果表明：碳钢放在焦炭中能减少电腐蚀，但含水量增加也会增加腐蚀率，特别是当地下水中含丰富导电物质如 $NaCl$、Ca^{2+}、Mg^{2+} 等时，则钢棒附设焦炭床结构的钢棒电解速率将大大增加。此外，随着含盐量的增加，碳钢的电解速率也明显增大。

2. 石墨

石墨是惰性材料，是由焦炭在 2000 ~ 2400℃下烧结而成的材料。石墨分子结构呈晶体结构，其晶体结构中不显示阳离子晶格和流动电子。其共价键非常稳定，在常温电解液中不会发生离子化。其导电和导热性能更接近金属，电解速率很小，适合作直流阳极。在早期直流输电工程的海岸和海水接地极中广泛应用。

但是由于石墨具有非常松散的层状结构和明显的多孔性，气体容易渗入石墨的层状结构内，破坏层间较弱的结合，使石墨变成疏松的粉状物质而溶解。其溶解速度与析出 O_2 量有关，即与散出电流有关。一般石墨电极都用合成树脂浸渍，使合成树脂在石墨的微孔中固化，阻止 O_2 的侵入。由于阳极析出 Cl_2 对合成树脂浸渍有破坏作用，破坏其固化，使石墨点蚀而溶解。所以在海岸和海水环境中，石墨电极的寿命取决于浸渍剂保护作用时间的长短，因而限制了这种材料的使用。如新西兰海岸边接地极在运行 9 年后，用高硅铸铁更换了已损坏的石墨电极。

目前，在阴极保护业中，国内外基本上都用高硅铸铁替代石墨电极，因为高硅铸铁也是一种理想的阳极材料，且抗腐蚀性优于石墨电极。

3. 高硅铸铁与高硅铬铁

高硅铸铁是一种含硅量很高的铁硅合金，作为一种抗腐蚀材料在阴极保护中作辅助阳极材料而被广泛地应用。自 1980 年以来，高硅铸铁在直流接地极工程中也获得了越来越多的应用。高硅铸铁和高硅铬铁的基本化学成分见表 7-1。

表 7-1　　　　　高硅铸铁和高硅铬铁的基本化学成分　　　　　%

化学成分	高硅铸铁	高硅铬铁	化学成分	高硅铸铁	高硅铬铁
Si	14.25~15.25	14.25~15.25	S	<0.1	<0.1
Mn	<0.5	≤0.5	Cr	0	4~5
C	<1.4	<1.4	Fe	余量	余量
P	<0.25	<0.25			

高硅铸铁之所以具有较强的抗腐蚀性，是因为铸件表面很容易氧化成一层致密的 SiO_2 薄膜，产生钝化，从而阻碍了腐蚀的进一步发展。高硅铸铁的抗腐蚀能力，随合金中含硅量的增加而增强，但其脆性也增加。含硅量低于 14.5%，其耐腐蚀能力急剧下降；含硅量高于 14.5% 以后，其耐腐蚀能力提高不多。如果含硅量高达 18% 以上，则合金极脆，而不能使用，因此通常把高硅铸铁中含硅量控制为 14.5% 左右。增加高硅铸铁中的含碳量，可以提高合金的机械和加工性能，在贫碳时，合金是很脆的，但提高含碳量，会产生石墨的漂浮现象，形成"石墨巢"，从而降低了其抗腐蚀性能。

　　高硅铸铁在国内的阴极保护业中已成功地应用了很多年，在没有焦炭回填料的情况下，也成功地被用作阳极材料，在淡水中电解速率一般在 $0.2 \sim 1kg/(A \cdot 年)$

　　高硅铸铁在有卤铁气体，特别是在有氯气生成的环境中应用时，由于氯气的腐蚀性很强，会浸入破坏致密的 SiO_2 晶体，使铸铁表面产生坑坑凹凹的点蚀现象，加速了高硅铸铁电极的腐蚀且不均匀，这就阻碍了它在海水中或其他一些场合的应用。

　　为了改善高硅铸铁在海水中的腐蚀性能，往往在原高硅铸铁成分的基础上，添加了 4.5% 左右的铬。铬与硅能形成一个更加钝化和稳定的金属氧化物薄膜，该薄膜不仅能阻止进一步电解腐蚀，而且能抵抗氧气的侵蚀。其电解速率在淡水中与高硅铸铁的相似，为 $0.25 \sim 1kg/(A \cdot 年)$，在海水中高硅铸铁略低。

　　据美国 HARCO 公司阴极保护产品样本介绍，高硅铬铁阳极的电解速率随电流密度的增加而增加，而在海水中还与埋设方式有关，其试验结果见表 7-2。

表 7-2　　　　　　　　　　海水中高硅铬铁电腐蚀特性

电流密度 （A/m²）	使用时间 （年）	电解速率 ［kg/(A·年)］	设置状况
11	1.95	0.308	悬挂
8.5	2.77	0.689	埋藏在泥浆中
26	1.95	0.467	悬挂
23.5	2.77	0.939	埋藏

　　将阳极悬挂或支撑在海底上是最理想的，这样阳极产生的氯气可以很快地扩散，避免了腐蚀的增加。高硅铸铁和高硅铬铁电极在国外直流输电工程中得到了广泛应用，并有相当成熟的应用经验。

4. 铁氧体

国外近几年研制了新一代电极材料——铁氧体电极，并在阴极保护工业中得到了推广应用。铁氧体电极基本属于不溶性材料，在海水中的电解速率小于1g/（A·年），经实测美国 BAC 铁氧体电极在海水中的电解速率为 875mg/（A·年）。据 BAC 铁氧体电极样本介绍，在含3% NaCl 的土壤中，其电解速率为 10g/（A·年），基本上不随散流密度的变化而变化。

铁氧体是一种 Fe_2O_3 和二价金属离子的氧化物 MO 的化合物，M 可为一种金属，亦可为多种金属，常为 Fe^{2+}、Ni^{2+}、Co^{2+}、Cu^{2+}、Mg^{2+}、Zn^{2+} 等，铁氧体的晶体结构属尖晶石型，为立方晶系，分子式可以 MFe_2O_4 或 $MOFe_2O_3$ 表示。

铁氧体电极内游离的 Fe^{2+} 越多，导电性能越好，体积电阻率越低，但其电解腐蚀速率较高，反之，则耐腐蚀性能好，其体积电阻率高，一般电阻率控制在 $10^{-1} \sim 10^{-3}\Omega \cdot cm$ 范围内。

铁氧体电极由于电解损耗小，所以电极产品尺寸相对较小，其典型产品尺寸为：长 880mm，有效长度 720mm，直径 ϕ60mm。但其体积电阻率比高硅铸铁大，所以陆地电极回填料仍按原尺寸，在海水中则不受限制。

铁氧体电极的抗腐蚀特性要优于高硅类电极，是电极材料新一代抗腐蚀材料，并在国外的一些阴极保护工业中得到了应用。国内也有很多研究机构在研制铁氧体电极，并已成功地研制出适合作为电极的铁氧体材料，但由于工艺的限制，至今国内还没有一家研制成产品。

5. 铜

铜分为红铜、黄铜和青铜。理论计算铜的电解速率为 10.46kg/（A·年），比铁的理论值略大。经在同一土壤、同一电流密度下实测，铜的电解速率为 7.008kg/（A·年），比铁的电解速率 6.789kg/（A·年）略大，但铜的价格却是铁的几十倍，且铜进入土壤后会污染地下水。所以，铜不宜作接地阳极使用。但是，铜对海水的电化学腐蚀有很好的钝化作用，裸铜作接地阴极是令人满意的。例如，瑞典果特兰岛的维斯比换流站接地极和丹麦至瑞典的康梯—斯堪工程中瑞典侧海水阴极接地极都采用了裸铜作接地极材料。

铜虽然在自然腐蚀情况下比钢铁的抗腐蚀特性优越，但它在大电流密度作用下，电解腐蚀的速度与铁相近，在海水中甚至比铁还高，而价格也比铁贵得多。因此铜只有在电极使用得很少（大部分时间是自然腐蚀）和电流密度很小（限制运行方式）的情况下才使用，特别是在土壤含盐量高的地方。

在天生桥—广州和龙泉—政平直流输电工程中，先后对国产材料的腐蚀特性做了大量试验研究，结果与国外同类材料试验结果没有明显的差异，详见表7-3。

表 7-3　　　　　　不同材料放置于土壤和焦炭中的腐蚀率　　　kg/（A·年）

材料名称	置于土壤中		放置在不同程度的焦炭中（试验值）			
	理论值	试验值	5%	10%	20%	30%
铁（钢）	9.1	7~10	0.114	0.286	2.850	5.945
石墨		0.8~1.2	0.011	0.028	0.031	0.048
高硅铸铁		0.2~3	0.03	0.048	0.06	0.081
铜	10.4	8~11	0.009 5	0.03	0.049	0.234
高硅铬铁	0.3~1.0（放置在海水中）					
铁氧体	0.001（放置在海水中）					

二、活性填充材料

地电流从散流金属元件至回填料的外表导电主要是电子导电，所以对材料的电腐蚀作用会大大降低。另外，由于导电回填料提供的附加体积，降低了接地极和土壤交界面处的电流密度，从而起到了限制土壤电渗透和降低发热等作用。因而迄今为止，除了海水电极以外，所有陆地和海岸的接地极都使用了导电回填料。

目前，焦炭碎屑是成功用于接地极的唯一填充材料。焦炭分为煤焦炭和石油焦炭两类，前者是烟煤干馏的产物，后者是在精炼石油的裂化过程中留下来的固体残留物，并需经过煅烧。最近经过对比试验，发现未经过煅烧的焦炭其挥发性达15%～20%，其电阻率高于煅烧后的焦炭约4个数量级，所以用于接地极的石油焦炭必须经过煅烧。

根据目前的市场情况，煤焦炭含碳量较低，一般在70%～90%，含硫量往往达到6%以上。石油焦炭含碳量较高，一般达到95%以上，含硫量仅为1%以下。含碳量高意味着电导率高，含硫量低意味着可减少对环境的污染。从技术上讲，选择石油焦炭更合适；但从经济上讲，石油焦炭较贵。

焦炭通过电流也会有损耗，电流流过焦炭，将使焦炭发热，部分氧化，尤其是焦炭颗粒状接触变为点接触，点接触处发热首先被氧化成灰分，灰分为不导电材料。因此，散流金属与焦炭的电子导电特征部分被破坏，以离子导电代替部分电子导电。散流金属的电解腐蚀随之增加，焦炭的损耗速率为$0.5～1kg/(A \cdot 年)$，损耗速率取决于焦炭表面的电流密度。

煅烧后的焦炭是成块的，用作接地极时必须捣碎，焦炭碎屑按规定要通过3/4in的网孔，主要是在4～20号筛孔的范围内，并有20%的细屑。接地极最常用的产品是煅烧后的石油焦炭碎屑。

焦炭在运输、装卸、存放和现场施工过程中都应小心，不要将污物或其他外部物质混入焦炭。否则，会影响焦炭的作用。

第四节　导流系统及辅助设施

一、导流系统

接地极导流系统是由导流线、馈电电缆、电缆跳线、构架和辅助设施等组成。接地极引线送来的系统入地电流先由导流线将电流分成若干支路引至合适的地点，然后由馈电电缆将电流导入电极泄入大地。导流线可以是架空线，也可以是电缆。

合理地选择导流线并使其布置合理是十分重要的，否则会出现某些支路电流过大，而另一些支路无电流或电流很小的不平衡现象。为了获得较好的电流分配特性，保证导流系统安全运行，接地极导流系统布置一般应遵循以下原则：

（1）导流线布置应与电极形状配合。对于对称形的接地极，导流线一般也应是对称形布置，应使流过各导流线的电流相等或大体相等。

（2）根据各支路的电流大小来选择确定导流线和馈电电缆的分支数和截面，并使其满足当一根导流线或一段电极停运（损坏或检修）时，不影响到其他导流线和馈电电缆的安全运行，提高运行的可靠性。

（3）在选择地下电缆导体截面时，环境温度应采用90℃，绝缘外套特性应具有良好的热稳定性。

（4）引流电缆应尽量避免接在电流溢流密度大的地方，并且离开馈电棒端点至少5m远，避免引流电缆接点受腐蚀。

（5）当导流线采用架空线时，导线对其构架的绝缘宜使用两片直流悬式绝缘子。

（6）每个电极段一般应有两路引流电缆接入。

二、辅助设施

接地极辅助设施包括检测井、渗水井、注水系统、在线监测系统等。

（1）检测井。为了在现场随时获取接地极运行时的温度、湿度、电流分配等信息，陆地接地极一般应设置检测井。检测井一般设置在电极溢流密度较大或温升高、馈电电缆接入点的地方。检测井采用PVC管，垂直布置在电极的上方和靠近电极的两侧，底部开露，与电极平齐，上端齐地面。检测时，温度或湿度计可伸到电极。

（2）渗水井。渗水井具有双重功能：一是将地面的水引入到电极，使电极保持潮湿；二是为接地极运行时产生的气体提供排出通道，使接地极保持良好的工作状态。渗水井一般布置在地面有水（如水稻田）的地方且在电极的正上方，间距约 50m 一个。为了有利于水渗入和气体的排出，渗水井一般采用渗水性好的卵石和砂子。渗水井地面采用砂子填充，并设置防淤池，以免淤泥堵塞井口。

（3）注水系统。如果接地极的极址系旱地，往往需要专设注水装置，使用水泵通过管道向电极注水。注水装置是由水泵、主水管、控制水阀、渗水管等组成，水泵将水源的水通过埋在地下的 PVC 主管线，将水送到设立在接地极地面上的各个控制水阀，然后通过渗水管将水注入电极。渗水管道采用 PVC 管，沿着电极敷设在电极的上方。为了让水能均匀顺利地渗入到焦炭中和防止水流冲刷焦炭，在 PVC 管的下方每隔数米开一孔洞，孔洞下面应垫一块混凝土预制板。水可以取自沟、塘、河、渠等水源，为了使注水系统能正常工作，在设计时应对水泵功率、管径尺寸大小、控制阀数量及其布置等进行论证。

第五节　直流接地极引线

接地极引线是连接换流器中性点与接地极之间的线路。按双极设计的直流系统，在双极运行时只有很小的不平衡电流通过它，线路电压接近于零。以单极大地回线方式运行时，通过的电流为额定电流，其接地极端电压为零，换流器端电压等于接地极引线上的压降，接地极引线一般数十千米，线路压降不超过 10kV。因此，接地极引线属于大电流、低电压的直流输电线路。由于单极大地回线方式的运行时间短，接地极引线电压低，通过额定电流的时间短，因此，接地极引线应根据其使用特点进行设计。

一、绝缘子片数

由于线路上电压很低，不足 10kV，因此就其电气特性而言，仅用

1 片绝缘子就足够了，但考虑出现零值绝缘子的可能性，线路绝缘子不宜低于 2 片。

我国葛洲坝—南桥直流输电工程和国外直流输电工程的接地极线路运行经验表明，威胁线路绝缘安全的主要因素是来自雷击后的续流，因此必须加装招弧角来保护绝缘子。为了使招弧角起到保护绝缘子的作用，同时又能拉断续流（灭弧），招弧角间隙应该大于临界熄弧间隙，同时又要小于绝缘子串与杆塔配合间隙。因此，从防雷保护角度上讲，线路首端推荐采用 3 片绝缘子，如果有必要的话，个别地方也可采用 4 片。

招弧角（间隙）形状、布置方向与直流续流有密切关系，在伊泰普直流输电工程接地极的设计研究中，曾就接地极线路上加装招弧角的设计进行了试验研究。结果表明：招弧角水平布置较垂直布置的熄弧能力强得多，弧形招弧角较棒形招弧角的熄弧能力强，建弧点处的直流续流愈大，熄弧间隙就愈大。由于雷击点电压与雷击点位置、杆塔接地电阻和流入接地极电流有关。对同一工程，不同地点的雷击电压是不同的，即要求临界熄弧间隙不同，因此在招弧角设计中，应考虑间隙能够调节。

二、带电部分与杆塔构件、拉线的最小间隙

在正常情况下，线路电压很低，即使在最大电流的情况下，线路首端电压也仅为几千伏。因此导线对杆塔构件的间隙可以很小，但为了保证带电部位不碰杆塔，在大风条件下按 0.1m 间隙来考虑。

在大气条件下带电部分与杆塔构件的间隙设计，应该与招弧角间隙相配合，保证放电发生在招弧角上而不在导线与杆塔构件间隙上，带电体与杆塔构件间隙必须大于或等于招弧角间隙。考虑到绝缘子串是摆动的，带电部分与杆塔构件间将出现的最小间隙概率会较小，故在大气条件下其间隙可按与招弧角间隙相同来考虑。

三、接地极引线导线截面

接地极引线在单极运行时，通过接地极线路的最大电流和直流输电线路相同，因此若选用和直流线路相同型号的导线完全能满足要求。

考虑到接地极引线电压低，通过大电流运行的时间很短，接地极线路导线截面的选择可不按常用的经济电流密度来考虑，也不必校验电晕条件，只需按最严重的运行方式来校验热稳定条件，这样选择的导线既节省了投资，又能满足输电要求。由于直流输电工程输送容量大，为满足热稳定条件，需要导线截面较大。一般宜采用多根导线（多为偶数），为保持杆塔受力平衡，将导线布置在杆塔的两侧。

四、地线

接地极引线属于低绝缘线路，从 35kV 线路的运行实践来看，有地线与没有地线两者的跳闸率相差无几，根据 DL/T 620—1997《交流电气设备的过电压保护和绝缘配合》规定，35kV 及以下的线路，一般不要求沿全线架设地线。然而架设地线后，除引导直击雷入地外，在雷击时还增加了导线的耦合系数，提高了耐雷水平。即使跳闸率不一定明显下降，但绝缘子遭受破坏的几率会减少，危害换流站设备（尽管换流站装设了防雷装置）的几率也会减少。对于接地极引线，其重要性远非一般 35kV 线路可比，增设地线投资并不多，因此沿全线架设一根地线，保护角不大于 30°，基本上能起到防雷保护作用。

五、杆塔

当接地极引线采用单导线时，导线布置在杆塔一侧，当接地极引线用多根导线并联运行时，由于各导线间无电压，不存在相间问题。因此，多根导线可合在一起成为分裂导线布置，也可以分开对称布置在杆塔两侧，在使用性能上两种布置是一样的，采用哪一种布置需根据实际情况来决定。我国 ±500kV 直流线路由于输送容量大，接地极引线采用 2 根或 4 根导线并联，且线路通过山区，档距较大，如天生桥换流站的接地极引线最大档距近 900m，从杆塔受力情况来考虑，杆塔均采用十字形，一根避雷线挂在塔顶，导线分挂在杆塔两侧，呈水平排列，水平线距一般受导线在档距中央的接近距离所控制，依档距大小，线距一般控制在 3.5～5m。

由于接地极的线路长度较短，为减少设计和加工工作量，塔型不宜过多，目前国内所采用的塔型有拉线直线塔、自立式直线塔、转角耐张塔三种。广州换流站的接地极线路，由于要通过的鱼塘较多，为了在塘埂上立塔，因此采用了部分钢管塔。

由于导线机械荷载较大，所用杆塔均为钢结构。在地电流场作用下，直流地电流可能从一个塔脚流进（出），从另一个塔脚流出（进），也可能通过非绝缘的地线，从一个塔流进（出），从另一个塔流出（进），在电流流出的地方形成电腐蚀。为了防止直流地电流对极址附近杆塔基础造成电腐蚀，一般可采用下列技术措施：

（1）将离开接地极约 10km 的一段线路采用绝缘地线，避免直流地电流在地线上流动。

（2）将离开接地极址 2～3km 范围内的杆塔基础，用沥青浸渍的玻璃布完全包缠绝缘起来，以防止或减少地电流在塔脚间流动。

（3）对于靠近接地极址的杆塔，在塔脚处垫一块玻璃钢板，在每个地脚螺栓出口处，套上合适的玻璃钢套管，使杆塔对基础绝缘，阻止地电流流向杆塔。

附录 A 国外已运行的直流工程

表 A.1 **国外已运行的架空线路和电缆线路直流输电工程**

序号	工程名称	电压 (kV)	功率 (MW)	距离（km） 架空线	距离（km） 电缆	投运 年份	备注
1	卡希拉—莫斯科 （苏联）	±100	30		100	1951	工业性试验
2	果特兰 1（瑞典）	100	20		96	1954	汞弧阀 叠加晶闸管阀
		150	30		96	1970	
3	果特兰 2（瑞典）	150	130	7	96	1983	
		±150	260	7	96	1987	
4	英—法海峡 1（英/法） （Cross Channel 1）	±100	160		64	1961	汞弧阀
5	英—法海峡 2（英/法）	2 × ±270	2000		72	1985	
6	伏尔加格勒— 顿巴斯（苏联）	±400	720	470		1965	汞弧阀
7	新西兰南北岛 （新西兰）	±250	600	570	39	1965	弧阀
		270/−350	992	575	42	1991	
8	康梯—斯堪 （瑞典/丹麦）	250	250	95	85	1965	汞弧阀
		285	300	61	88	1988	
9	意大利—撒丁岛 （意大利）	200	200	292	121	1967	弧阀
		200	50	292	121	1986	
		200	300	292	121	1981	
10	温哥华（加拿大）	260	312		69	1968	汞弧阀
		280	370		77	1977	

续表

序号	工程名称	电压（kV）	功率（MW）	距离（km）架空线	电缆	投运年份	备注
11	太平洋联络线（美国）	±400	1440	1362		1970	汞弧阀
		±500	2000	1362		1985	
		±500	3100	1362		1989	扩建晶闸管阀
		500	550	1362		1995	
12	纳尔逊河 1（加拿大）	±450	1620	930		1972	汞弧阀
		±500	2000	930		1992	
13	纳尔逊河 2（加拿大）	±500	2000	940		1978	
14	金斯诺斯（英国）	±266	640		82	1974	汞弧阀
		±266	640		82	1981	改建
15	斯卡捷拉克（挪威/丹麦）	±250	500	113	127	1977	
		350	440	113	127	1993	
16	斯夸尔比尤特（美国）	±250	500	749		1977	
17	卡布拉—巴萨（南非）	±533	1920	1420		1979	改建
		±533	1920	1420		1997	
18	CU 工程（美国）	±400	1000	710		1979	
19	北海道—本洲（日本）	125	150	124	44	1979	采用 LTT
		250	300	124	44	1989	
		±250	600	124	44	1993	
20	英加—沙巴（南非）	±500	560	1700		1982	
21	德斯堪顿—卡麦尔福德（美/加）	±450	690	172		1986	
22	英特尔蒙顿（美国）	±500	1600	787		1986	
23	伊泰普（巴西）	±600	3150	785		1986	
		±600	3150	805		1990	
24	芬挪—斯堪（瑞典/芬兰）	400	500	33	200	1989	

续表

序号	工程 名 称	电压 (kV)	功率 (MW)	距离（km）架空线	距离（km）电缆	投运年份	备 注
25	里汉德—德里（印度）	±500	1500	910		1990	
26	魁北克—新英格兰（美/加）	±500	2250	1480		1990	五端工程
27	济州岛（韩国）	±180	300		101	1993	
28	波罗的海电缆（瑞典/德国）	450	600	12	250	1994	
29	康特克（丹麦/德国）	400	600		170	1995	
30	里特—鲁扎（菲律宾）	350	440	433	19	1997	
31	强德拉普尔—波德海（印度）	±500	1500	743		1998	
32	纪伊工程（日本）	±250	1400	51	51	2000	

表 A. 2　　　2000 年已运行的背靠背直流输电工程

序号	工程 名 称	电压 (kV)	功率 (MW)	投运年份	备 注
1	佐久间（SAKUMA）	125	300	1965	日本、50Hz/60Hz 联网
2	伊尔河（EEL. River）	80	320	1972	魁北克/新布鲁斯克联网
3	新信依（Shin-Shinano）	125	300	1977	日本、50Hz/60Hz 联网
		125	300	1992	
4	斯蒂加尔（Stegull）	50	100	1977	美国、北美东西部联网
5	阿卡瑞（Acaray）	25	55	1981	巴西/巴拉圭、50Hz/60Hz 联网
6	德恩罗尔（DURNROHR）	145	550	1983	东西欧（奥地利/捷克）联网
7	埃地康蒂（Eddy County）	82	200	1983	美国、北美东西部联网
8	欧克拉纽（Oklaunion）	82	200	1984	美国东部电网/得克萨斯电网联网

续表

序号	工程名称	电压 (kV)	功率 (MW)	投运 年份	备 注
9	恰图卡（Chateauguay）	140	1000	1984	美国东北部/加拿大魁北克联网
10	维堡哥（Vyborg）	±85	1065	1984	俄罗斯/芬兰联网
11	海盖特（High gate）	56	200	1985	美国东北部/加拿大魁北克联网
12	黑水河（Black Water）	56	200	1985	美国、北美东西部联网
13	马达瓦斯加（Madawaska）	130	350	1985	魁北克/新布鲁斯维克联网
14	麦尔斯城（Miles City）	82	200	1985	美国、北美东西部联网
15	布罗肯海尔（Broken Hill）	17	40	1986	澳大利亚、50Hz/60Hz 联网
16	希尼（Sidney）	50	200	1987	美国、北美东西部联网
17	阿尔伯特（Alberta）	42	150	1987	加拿大、北美东西部联网
18	温地亚恰尔（Vindhyachal）	70	500	1989	印度、西部/北部联网
19	艾申里西（Etmnricht）	160	600	1993	东西欧（德国/捷克）联网
20	维也纳东南 （Vienna South-East）	145	600	1993	东西欧（奥地利/匈牙利）联网
21	维尔希（Welsh）	160	600	1995	美国、东部电网/得克萨斯联网
22	强德拉普尔（Chandrapur）	205	1000	1996	印度、西部/南部联网
23	加普尔—盖祖瓦克 （Jeypore-Gazuwaka）	200	500	1998	印度、东部/南部联网
24	东清水（Higashi Shimizu）	2006	300	1998	日本、50Hz/60Hz 联网
25	加勒比（Garabi）	±70	1100	2000	巴西/阿根廷、50Hz/60Hz 联网
26	伊格尔帕斯（Eagle Pass）		36	2000	美国西南部/墨西哥联网 （轻型直流输电）

参 考 文 献

［1］赵畹君．高压直流输电工程技术．北京：中国电力出版社，2004.

［2］浙江大学发电教研组直流输电科研组．直流输电．北京：电力工业出版社，1982.

［3］戴熙杰．直流输电基础．北京：水利电力出版社，1990.

［4］刘振亚．特高压直流输电技术研究成果专辑（2005 年）．北京：中国电力出版社，2006.

［5］刘振亚等．直流输电系统电压等级序列研究．中国电机工程学报，2008，28（10）.

后　记

国家电网公司于2005年启动了特高压直流输电工程关键技术研究，课题涵盖了直流输电系统特性、电磁环境、过电压及绝缘配合、线路和换流站设备外绝缘、设备规范、试验技术、运行和维护技术以及施工技术等多个方面，经过艰苦和卓有成效的工作，已取得了一系列重大科研成果。

本套丛书的出版，是为了推广和应用这些科研成果，促进科学技术向生产力的转化，同时也是为了加强对特高压直流输电系统科研、设计、建设、运行、维护和管理人员的培训。中国电力科学研究院的各学科专家和学术带头人参与了丛书的编写工作。

本书为《特高压直流输电技术丛书》之一，由李同生编写，李同生协助主编统稿，李国富对稿件进行了初审。

在成书过程中，卢强院士、朱英浩院士、程时杰院士对书稿进行了审阅，提出了宝贵意见，在此一并表示衷心感谢。

编者

2009 年 3 月

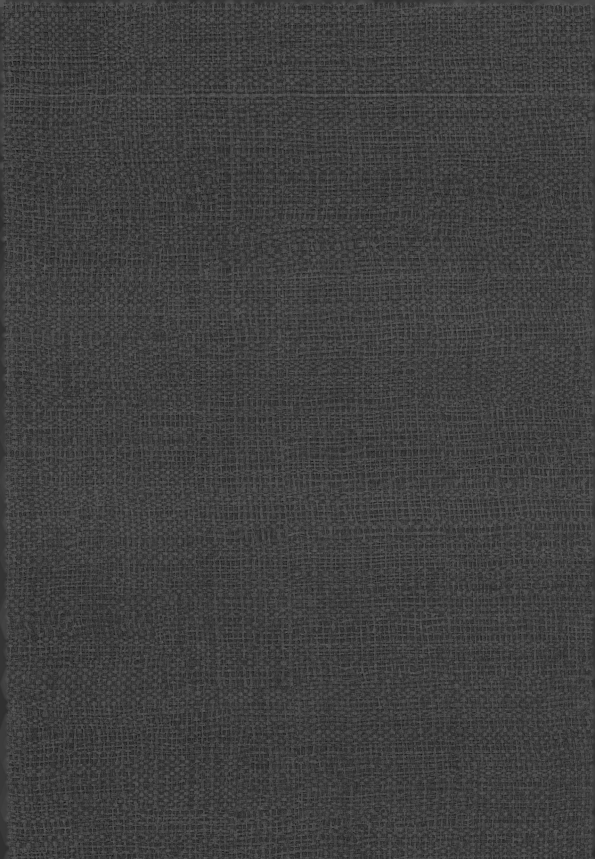